for a better life

—

lifestyle

내 **스웨덴 친구**들의 **행복**
LAGOM

신서영 지음
최근식 찍음

design **house**

Contents

스웨덴의 느린 코끼리로 살다

말뫼에 사는 한국인 부부 / 신서영 & 최근식

스웨덴행을 망설이는 내게 몇 달 먼저 가 있던 남편은
"빈티지 마켓에서 오늘 산 것"이라는 메시지와 함께 빈티지 호가나스
커피잔 사진을 보내왔다. 그 사진과 메시지는 내 마음을 송두리째 뽑아
스웨덴에 심어버렸다. 그리고 지금 우리는 한국에서 가져가는
간장게장 맛이 변하지 않을 거리, 서울에서 비행기로 13시간 남짓 걸리는
스웨덴 말뫼에 둥지를 틀었다. 남편은 가구 디자이너로,
나는 텍스타일 디자이너로 각자 작업하면서
코끼리처럼 느리지만 큰 의미를 가진 이곳의 시간을 경험하고 있다.

말뫼Malmö에 이사 온 지 2년 조금 넘었고, 스웨덴에서 산 건 5년이
다 되어간다. 이곳에 얼마나 오래 살았는가는 사실 크게 중요하지
않다. 어떤 날은 누군가의 일주일보다 더 긴박했고, 어떤 달은
누군가의 한 주를 늘려놓은 만큼 여유로웠으니까.
스웨덴이 우리의 첫 유럽은 아니다. 남편이 밀라노에서 산업디자인을
공부했기에 우리는 밀라노에서 신혼 생활을 시작했다. 덕분에 나도
밀라노에서 공부하고 일하면서 유럽 생활을 맛보았다. 하지만 내게
유럽의 로망 따위는 끼어들 틈이 없었다. 불편한 생활로 치자면 4년
내내 4관왕을 주고 싶을 만큼 그곳의 사회 시스템은 엉망이었다. 대학
시절 배낭여행 중에 싹튼 그 로망은 두오모를 지나는 트램을 타거나
돌길을 걸을 때 다시 고개를 들긴 했지만, 대체로 맘 편한 내 나라로
돌아가고 싶다는 생각으로 끝나곤 했다. 밀라노 생활을 정리하고
한국행 비행기에 몸을 실은 날, 홀가분하게 "안녕, 유럽!"을 고했다.
이제 한국에서 자리 좀 잡는가 싶었는데, 2년 후 남편은 가구 만드는
걸 제대로 배워야겠다며 스웨덴의 학교를 찾아냈다. 찬 바람을
질색하는 내게 북유럽은 책으로만 보고 싶은 나라였다. 스웨덴
끝자락에 애벌레처럼 길게 붙은 윌란드Öland라는 섬. 까마득하게
외딴곳이었다. 나는 내복을 챙겨주며 남편 혼자 다녀오라 말했고, 3년
후 한국에서의 재회를 약속했다. 그렇게 남편은 떠났다.
얼마 후 남편은 스웨덴의 여유 있는 시간 조각을 사진으로 전해왔다.
나를 부르는 미끼였다. 당시 나는 디자인 컨설팅 회사 전략팀에서
야근으로 범벅된 생활을 하고 있었다. 결국 나는 추위와 야근 중
추위를 택하고, 남편이 있는 애벌레 섬으로 향했다.
밤이 가장 길던 날, 윌란드에 첫발을 디뎠다. 그리고 이곳에서
처음으로 텍스타일 공부를 시작했다. 보람 있는 휴가를 보내듯
직조와 프린트에 빠져 디자인과 작업 기술을 익혔다. 그렇게
윌란드에서 세 번의 겨울, 말뫼에서 두 번의 겨울을 보냈다. 추위도
익숙해지는 것인지 점점 북유럽의 겨울은 지낼 만하다고 느껴졌다.

빈티지 수납장 위 물건은 지난 6년간 하나둘씩 모은 것들이다.

인연의 시작, 카펠라고든

내 스웨덴 친구들과의 인연은 대부분 카펠라고든Capellagården에서
시작되었다. 스웨덴 끝자락, 윌란드에 자리한 이 수공예 학교에서
우리는 공예 기법만 아니라 삶을 바라보는 시선을 배웠다.
카펠라고든은 전통 기법을 이용한 수공예 기술을 가르치는 학교다.
설립자 칼 말름스텐Carl Malmsten의 이상이 면면히 이어지는데,
그 점이 이 학교를 '스웨덴에서도 특별한 학교'로 만들었다. 가구
디자이너인 그는 가정에 필요한 모든 용품이 이곳에서 생산되기를,
자급자족되기를 바랐다. 이러한 생각으로 가정에서 소비하는 제품을
염두에 둔 코스(가구, 텍스타일, 세라믹, 가드닝)를 구성했다.
졸업생들은 이곳에서의 시간이 동화 같았다는 말을 한다. 버스가
뜸하게 다니는 시골, 바람이 세게 불면 다리를 통제하는 섬에서
학생들은 사회와 느슨히 연결된 채 작업에만 몰두한다. 학교 식당을
안정적으로 유지하기 위한 방침상 학생들은 점심을 의무적으로
사 먹어야 하기 때문에 65명 남짓한 학생은 매일 함께 밥을 먹고,
피카Fika(피카는 단순히 커피 브레이크나 티타임으로 대체할 수 없다.
이는 사회성과 유대감을 포함한 커피 브레이크를 가리키는 스웨덴의
고유명사다)를 즐긴다. 별다른 유흥거리가 없으니 방과 후 시간은
대부분 작업실에 남아 개인 작업을 한다. 매일 마주하며 가족 같이
지내는 공동체 생활, '오래된 방식'으로 살아가는 생활은 스웨덴에서도
일반적이지 않은 삶이다.
카펠라고든에서 나는 세라믹을 배우는 친구에게 물레 돌리는 방법을
배워 커피잔을 만들고, 크리스마스 전에는 캔들 홀더 만드는 법을
배웠다. 겨울엔 친구의 기숙사에 모여 함께 뜨개질도 했다. 학기가
시작되기 전 카펠라고든 근처에 사는 동네 할머니 귀닐라에게
뜨개질을 배운 덕에 나도 그들 틈에 끼어 양말과 모자를 떴다.
그렇게 스웨덴의 시골 마을에서 20세기적 삶을 즐기는 3년 동안
매일매일 머리가 맑아지는 듯했고, 손은 바빠졌으며, 마음은 꽉
채워졌다.

텍스타일 전시를 위해 구상한 스케치를 침실 벽에 잠시 붙여 놓았다.

유목 생활 끝에 정착한 말뫼

결혼한 지 10년이 넘었는데 우린 아직 아기가 없다. 그래서 매번
도시를 옮겨 다니는 것에 큰 두려움이 없다. 틈틈이 뭘 배우겠다는
핑계로 런던, 밀라노, 욀란드 등으로 거주지를 옮기며 유목했다.
나라를 옮길 때마다 늘어난 짐이 상자째 시댁과 친정으로 흩어졌다.
상자를 볼 때마다 미안하고 무거운 마음이 들었지만, "언젠가 진짜
우리 집에 다 가져다 놓을 거야. 노트 하나도 건드리지 마"라고 되레
큰소리로 당부했다.

때가 되면 줄기만 잘라 여기저기 화병에 꽂아두는 꽃 같은
생활이었다. 이렇게 자유롭던 떠돌이 생활도 마무리할 때가 왔다.
한곳에 뿌리를 내리고 나무처럼 살고 싶어졌다. 어쩌면 더 늦기 전에
열매를 맺어야 한다는 촉박한 마음도 한몫했는지 모른다.

욀란드 생활 3년을 마치고 정착할 곳을 고민했다. 어느 정도 스웨덴을
경험하고 나니 정착지는 한국이 아닌 스웨덴에 비중이 실렸다. 가구와
텍스타일 관련 인프라가 충분한 스웨덴에서 시작하고 싶었다. 그렇게
남편은 가구 디자이너로, 나는 텍스타일 디자이너로 각자 작업하고 또
협업하자는 계획 아래 말뫼에 작은 스튜디오를 열었다.

한국에서 가져가는 간장계장 맛이 변하지 않을 딱 알맞은 거리에
말뫼가 있다. 서울에서 비행기로 13시간 남짓 여행한 후 코펜하겐
국제공항에 내리면 집까지 30분도 채 걸리지 않는다. 다리만 건너면
덴마크의 수도 코펜하겐이 보너스로 있는 도시가 말뫼다.

또 스웨덴에서 세 번째로 큰 도시로, 인프라가 잘 갖춰진 곳이다.
세련된 뮤지엄도 여러 곳 있고 수준 높은 전시도 종종 볼 수 있다.
사람보다 동물을 더 많이 만나던 욀란드에서 갓 올라온 우리에게는
알맞게 멋있는 라곰Lagom 도시였다.

적당한 크기의 이 도시에서 적당한 관계가 생겨났다. 아직까지는 작은
스튜디오를 꾸려나가는 데 큰 불편함이 없다. 도심에서도 코가 뚫리는
청정함이 느껴지는 곳, 가장 깨끗한 수돗물을 마실 수 있는 친환경
도시, 우리는 이곳에 오랜 기간 머물 둥지를 틀었다.

우리가 사는 집은 오래된 아파트라서 그런지 빈티지 가구들이 더 잘 어울린다. (왼쪽)
남편과 나는 둘 다 피곤한 날에는 누가 앞치마를 두를지 서로 눈치를 보기도 하지만,
웬만하면 함께 요리를 한다. 대신 누가 주방장이고 누가 보조가 되느냐에 따라 메뉴가 바뀔 뿐. (위)

남편의 작업실에 두었다가 집으로 가져온 베틀에서 샘플을 직조해보고 있다.
선(실)이 모여 면(천)이 되는 것은 매번 작업하면서도 신기한 일이다.

말뫼의 빛 좋은 작업실 그리고 코끼리상사

남편은 7년 일찍 카펠라고든을 졸업한 친구가 꾸며놓은 작업실을
운 좋게 빌렸다. 사방으로 창이 난 작업실에는 구름 낀 날에도 빛이
여유롭게 들어온다. 아직은 전부 알아듣지 못하는 스웨덴 라디오를
틀어놓고 온종일 작업한다.

우리는 손으로 만든 것에서 조금 더 깊은 맛이 나기를 바란다. 그래서
컴퓨터로 작업한 후라도 직접 만들어보는 과정을 중요하게 여긴다.
생산과정을 생각해서 디자인을 고민하고 수정한다. 직접 만들어내기
때문에 프로토타입을 유연하게 변형할 수도 있다. 카펠라고든의
수공예적 삶의 일부가 말뫼 작업실에서 이어지는 느낌이다.

나도 잠시 남편의 작업실에 베틀을 두고 직조 작업을 했는데, 지금
사는 집으로 이사하면서 내 작업 공간을 집으로 옮겼다. 베틀을
옮기고, 책장을 들이고, 큰 작업 테이블을 놓았다. 남편이 하나씩
만들어주는 가구들이 넓은 방을 채워갔고, 이내 소소하게 작업하기
좋은 공간이 완성되었다. 한국에서는 서로 얼굴을 마주할 시간이
없을 만큼 바빴는데, 이곳에서는 소소한 일까지도 상의하는 샴쌍둥이
같은 생활을 즐기고 있다. 그렇게 우리는 빛 좋은 집에서, 코끼리처럼
'느리지만 큰' 의미를 지닌 스웨덴 문화를 만끽하면서 살고 있다.
그러면서 가치 있다고 여겨온 물건의 가치를 다른 이들과도 나누고
싶어 '코끼리상사'라는 온라인 빈티지 숍을 열었다. 사실 나를
처음 스웨덴으로 이끈 것이 빈티지 제품이라 해도 과언이 아니다.
스웨덴행을 망설이는 내게 남편은 "여기 빈티지 마켓에서 오늘 산
것"이라는 메시지와 함께 빈티지 호가나스 커피잔 사진을 보내왔다.
그 메시지가 내 마음을 송두리째 뽑아 스웨덴에 심어버린 것이다.
빈티지라는 세계, 곁에 두고 오래 사용한 물건의 사랑스러움, 무뎌진
모서리의 자연스러움을 아는 이들과 작은 기쁨을 나누고 싶은 마음이
곧 코끼리상사다. 우린 코끼리만큼 느린 건 확실한데 언제쯤 커질 수
있을까? 하지만 조급하진 않다. 코끼리처럼 열심히 걸을 뿐이다.

텍스타일 작업을 하는 동안은 마음의 여유가 생긴다. 작업실은 방문을 사이에 두고 생활공간과 구분된다.
출근 거리가 가장 가까운 곳이면서 퇴근의 유혹이 자주 찾아오는 곳.

함께 사는 가구 디자이너이자 남편 최근식 그리고 그의 작업실.

Lagom, 자신이 기준인 삶

'라곰'은 스웨덴 사람이 일상에서 사용하는 형용사다. 그들은 영어 표현 'just right, good enough'로는 라곰의 느낌을 전달할 수 없다고 말한다. 풀이하자면 라곰은 '완벽해 보일 필요 없어. 난 이 정도면 충분하니까'라는 의미다.

자신을 삶의 중심에 두고 살아가는 스웨덴 사람들, 그들은 타인의 눈에 자신이 어떻게 비칠지 연연해하지 않는다. 그래서일까, 그들이 그럴싸해 보이는 것을 소비하는 경우는 드물다. '내가 좋아하는 것, 나에게 맞는 것'이 우선이다. 그들은 자신의 취향을 확실하게 알고 있다. 그리고 그들이 만들어내는 북유럽 디자인에는 늘 '군더더기 없음'이라는 미덕이 포함된다. 형태가 과감하게 단순해진 디자인과 그들의 삶은 그 끝이 맞닿아 있을 것이다.

우리는 종종 친구가 산 멋진 식탁을 덩달아 구입하고, '요즘 핫하다'는 수식어에 조명등과 소파를 원하는 품목 1순위로 올리기도 한다. 하지만 어떤 이들은 그렇게 꾸며놓고 나서 소파를 등받이로 사용하거나, 멋진 식탁을 두고 밥상에 밥을 차려 바닥에 앉아 먹는다. 만일 바닥에 앉는 것과 밥상이 더 편하다면, 과감하게 소파와 식탁을 없애버리는 게 라곰을 실천하는 방법일지 모른다.

스웨덴의 집들에도 요즘 한국에서 유행하는 북유럽 가구와 조명이 놓여 있다. 하지만 한국의 북유럽 스타일과 스웨덴의 홈 스타일링은 자유로움과 지저분함 정도에서 차이가 있다. 이곳의 북유럽 스타일은 '사람 냄새가 더 짙다'라고 표현하면 적절하다.

그리고 비슷한 북유럽 스타일이면서도 각 집마다 매우 다른 느낌을 풍긴다. 초록을 실내에 가득 들이는 것, 하이 체어 외에는 아이를 위한 가구나 놀이 기구가 거의 보이지 않는 것, 천장에 달린 펜던트 조명, 창가에 둔 촛대나 장식이 공통적으로 스웨덴 사람들이 집을 꾸미고 사는 방법이다. 그리고 대부분의 집이 그림이나 조각 작품 등으로 마지막 터치를 한다. 그래서인지 스웨덴에서 빈 벽을 찾기가 쉽지는 않다. 그동안 내가 가본 스웨덴 집들은 이러했다.

내가 인터뷰한 친구들은 디자인에 관심이 많은, 혹은 디자인 분야에 종사하는 이들이다. 내 스웨덴 친구들의 삶은 과장되지도, 억지스럽지도 않다. 그들의 공간에 완벽함이란 없지만, 하나같이 자신들의 개성과 완벽하게 조화를 이룬다.

내 친구들의 '라곰'한 공간을 만나면서 집을 꾸민다는 것은 삶을 가꾸는 가장 가까운 방법임을 알았다. 공간에 대한 이야기는 그곳에 사는 이의 삶의 소신과 맞닿아 있다. 완벽해 보일 필요는 없다. 그 정도면 충분하니까. 각자의 취향이 짙게 밴 자연스러운 공간과 자신의 삶을 열심히 가꿔나가는 사람들의 이야기를 통해 우리도 자신만의 '라곰'한 삶을 만들어나갈 수 있지 않을까.

스웨덴에서 다른 사람 집에 들어가기 전

약속 시간은 칼같이 지켜야 한다.

스웨덴 사람들의 시계는 매우 정확하다. 다른 사람의 시간을 뺏을 권리는 누구에게도 없다는 것을 기본으로 한다. 그래도 집에 초대받았을 땐 일찍 가는 것보다는 5분쯤 늦게 가는 것이 좋다. 집주인이 손님 맞을 준비를 마치고 잠시 여유를 가질 수 있는 완벽한 시간이 될 것이다.

창밖에서 안을 들여다보지 않는다.

스웨덴 사람들은 커튼을 치는 대신 창에 장식을 한다. 주로 식물이나 조명, 오브제 등을 둔다. 주된 이유는 밖에서 보기에 예쁘라고 하는 것이고, 덩달아 실내가 어느 정도 가려지는 효과도 있다. 하지만 창은 여전히 오픈되어 있다. 맘먹고 들여다보면 그 집 살림살이뿐 아니라 누가 무엇을 하는지도 볼 수 있다. 그래서 빤히 들여다보는 것은 '나는 사생활 침해자입니다'라고 말하는 것과 같다. 열려 있다고 다 볼 수 있는 것이 아니다. 흘깃 보고 "잘 꾸몄군" 정도로 칭찬하고 지나가는 정도의 관심만 필요하다.

집에 들어가기 전에는 현관에서 신발과 외투를 벗는다.

미국 영화를 보면 소파나 침대에도 신발을 신고 앉거나 누워 있는 장면을 보게 되는데, 스웨덴 사람들은 우리나라처럼 집 안에서 신발을 벗고 다닌다. 청결에 매우 신경을 쓰는 사람들이므로 예의를 갖춰 신발을 벗어야 한다.

식사 초대를 받았다면 음식 한 조각은 남기는 게 예의다.

사람이 많은 경우 커다란 접시에 음식을 담아내고 먹고 싶은 만큼 떠서 먹는 문화인데, 자신이 떠온 음식은 다 먹어야 하지만 큰 접시에 담긴 음식은 모조리 가져오지 않는다. 그래서 스웨덴 친구들과 맛있는 것을 먹으면 마지막 한 입이 절반에서 다시 절반으로 줄어 점만큼 남는 경우가 있다. 스웨덴에는 그 점을 끝내는 '용자'가 별로 없다.

강박 없는 헬시 라이프

공간 디자이너와 요리사 커플 / 사라 & 다니엘

사라가 남자 친구 다니엘을 만나기 전부터 나는 그녀를 알았다. 2013년 여름, 사라는 2주간 업홀스터리Upholstery(앤티크 의자, 소파, 스툴 등의 좌석이나 등받이의 마감 소재를 교체하는 작업) 코스를 들으러 카펠라고든에 왔다. 긴 금발에 까만 원피스 차림의 그녀는 언뜻 스톡홀름 깍쟁이처럼 보였다. 하지만 "안녕! 퓸" 하고 웃어버리는 모습에서 허물없는 사랑스러움이 느껴졌다. 업홀스터리 코스 수강 학생들은 대부분 화려한 패턴의 패브릭으로 소파를 바꾸는데, 사라는 하얀 캔버스 천으로 빈티지 체어를 감쌌다. 그렇게 짧은 여름 학기가 지나고, 우린 바쁘게 돌아가는 각자의 일상 속에 서로를 잊고 지냈다. 그러던 어느 날 스톡홀름 가구 박람회에서 사라를 우연히 마주쳤고, 그날 그녀는 우리를 자기 집으로 초대했다. 아크네 스튜디오Acne Studio 매장을 디자인하는 직업 때문일까? 그녀가 꾸민 아파트는 '따라 입고 싶도록 시크한' 아크네 제품을 닮아 있었다. 하얀 캔버스로 갈아입은 카펠라고든 여름 학기의 그 빈티지 체어가 아주 잘 어울리는 공간이었다. 이후 사라는 요리사 다니엘을 만나 함께 살 큰 아파트로 이사했다.

"미래를 위해 지금의 행복을 아낄 필요는 없다"는 말은 좋은 문구로만
머무는 것 같지만, 이들이 사는 삶을 들여다보면 오늘에 만족하는
삶이야말로 건강한 라이프의 기본임을 깨닫게 된다.

쇠데르말름의 그래픽, 사진, 예술과 디자인 관련 서적을 모아둔 작은 서점
콘스트이그Konst-ig. (위) 쇠데르말름의 예쁜 빈티지 소품을 파는 숍 헤르 유디트
브란스타쇼넨Herr Judit Brandstationen. (아래)

말수 적은 요리사 다니엘 크리스토우-Daniel Christou와 사랑스러운
공간 디자이너 사라 린데고르드Sara Lindegårdh. 이들은 매일같이
걸어서 출근하고, 퇴근 후에는 함께 아이를 돌본다. 주말엔
규칙적으로 운동하거나 산책하고, 시내까지 걸어 나가서 쇼핑을
한다. 차는 외곽으로 나갈 때가 아니면 좀처럼 타지 않는다. 이렇게
규칙적으로 살고 있지만, 이들이 보낸 지난주는 이번 주와 같지 않다.
보이지 않는 질서 속에서 이들은 매우 자유롭게 살고 있다. 미래를
위한 계획을 차근차근 이뤄가면서도 '오늘이 행복한 삶' 또한 놓치지
않는 도시 커플의 모습을 이들에게서 본다.

젊은이의 동네, 쇠데르말름
스톡홀름의 남쪽 섬, 번화한 지역인 쇠데르말름Södermalm은
유럽의 오밀조밀한 골목을 사랑하는 여행자라면 며칠이라도
지루하지 않을 곳이다. 갖가지 맛이 나는 사탕을 만들어 파는 사탕
가게, 힙한 젊은이들로 문전성시를 이루는 자전거 가게, 바로 짠
생과일주스를 투박한 봉투에 담아주는 주스 가게…. 큰길에서 한
걸음만 꺾어 들어가면 곳곳에서 스톡홀름 사람의 일상을 경험할 수
있다. 멋 부리지 않은 듯 멋이 흐르는 스톡홀름 젊은이들과도 쉽게
마주치는 동네가 쇠데르말름이다. 욀란드에서 사람보다 사슴을 더
많이 만나며 스웨덴에서 보낸 첫 겨울, 쇠데르말름 여행은 작고 예쁜
유럽 도시에 목말라 있던 내게 큰 위안이었다.
쇠데르말름 번화가에서 골목으로 슬쩍 들어가면 이 커플이 사는
1880년대 건물이 나온다. 바깥의 번화한 공기와 차단된 안뜰은
한겨울에도 풍부한 빛을 품고 있었다. 다니엘과 함께 꾸민 집 안은
그녀를 닮았고, 딸 비앙카Bianca가 집 안 공기에 생기를 불어넣었다.

스웨덴 디자인을 아시아와 아프리카 등 다른 지역 전통 공예와 접목한
공정 무역 브랜드 아프로아르트Afro Art 매장.

아프로아르트 제품들에는 장인의 손으로 완성한 북유럽의 색채가 고스란히 드러난다.
삐뚤삐뚤 손맛 나는 이 제품들은 세상에서 단 하나뿐인 물건이다.

건강한 요리를 파는 파라디소Paradiso에서 요리하는 다니엘. (위)
파라디소 식당 내부. (아래)

Healthy Food, Healthy Life

'오늘 하루부터 즐겁게 보내자'라는 인생관은 이들의 헬시 라이프에
일조한다. 행복의 기준이 모두 다르듯 사라와 다니엘 커플도 행복한
하루의 기준이 서로 다르다. 매우 계획적인 사라와, 흥미에 더 무게를
두는 다니엘의 대조적 성격은 스웨덴과 그리스의 스테레오 타입을
보는 듯하다.

키프로스Cyprus(지중해 동부의 섬) 출신의 요리사 다니엘이
스웨덴에 온 것은 작은 섬나라의 변화 없는 요리사 생활이 따분했기
때문이다. 물론 다니엘의 엄마가 스웨덴 사람인 것이 이 나라를
선택한 이유이기도 하다. 그는 이곳에서도 여전히 새로운 것을
갈망한다. 한번은 그가 레스토랑 일을 그만둔 뒤에야 사라에게
알린 적이 있다. 갑작스러운 통보에 사라는 대출이자와 생활비
등을 계산하며 머릿속이 하얘졌는데, 오히려 다니엘은 느긋하게
"또 찾으면 되지"라고 응수했다. 이틀 후 그는 정말로 꽤 괜찮은
레스토랑에 다시 취직했다.

그가 직장을 그만둘 때는 일이 싫어서가 아니며, 일하는 장소나
사람이 싫어서도 아니다. 같은 요리를 2년 정도 하다 보면 새로운
것에 갈증을 느낀단다. 그럴 때 다니엘은 새로운 사람들을 만나고,
새로운 요리법을 배울 수 있는 곳으로 옮겨 다시 즐거움을 찾곤 한다.
다행인 점은 그가 일하는 세계에서는 그 갈증을 해소할 수 있는 곳이
늘 존재한다는 것이다.

"미래를 위해 지금의 행복을 아낄 필요는 없다"는 말은 좋은 문구로만
머무는 것 같지만, 이들이 사는 삶을 들여다보면 오늘에 만족하는
삶이야말로 건강한 라이프의 기본임을 깨닫게 된다. 사라와 이야기를
나누다 보면 늘 긍정적 방향으로 생각하는 좋은 에너지를 지닌

빈티지 가구, 소품과 새 가구가 조화롭게 어우러진 거실.
아크네 스튜디오 매장 디자이너의 감각을 한껏 느낄 수 있다.

친구라는 것을 금세 알 수 있다. 항상 밝게 웃고, "만나자", "통화하자",
"부탁할게" 등 갑작스러운 요구에도 언제나 오케이하면서 먼저
웃어주는 에너지는 이들의 생활에서 우러나오는 게 아닐까.
사라가 일하는 아크네 스튜디오 본사는 스톡홀름에서 가장
오래된 구역이자 관광 중심지인 감라스탄Gamla Stan에 자리한다.
감라스탄에는 맛집이 꽤 많지만, 직장인이 관광객들 속에 섞여
메뉴를 고르고 기다리기에는 여러모로 어려움이 많다. 그래서 사라는
직접 도시락을 준비해 가서 점심을 먹는다. 가능한 한 건강한 음식을
챙기려고 하다 보니 자주 준비하는 것이 샐러드다. 콩을 삶고 채소를
손질해 통에 담으면 그걸로 끝이다. 종종 아보카도와 너츠가 간단한
점심이 되기도 한다.
이들의 건강 비결은 조금씩 자주 먹는 것. 저녁 식사는 주로 채소와
생선을 곁들인 식단으로 구성한다. 사실 둘 다 고기를 좋아하는
식성인데, 일부러 덜 먹으려 노력한다. 가끔 먹고 싶을 땐 정말 질이
좋은 고기를 고른다. 그 지역에서 풀을 뜯어 먹으며 자란 고기여야
한다. 건강을 생각하면서 동시에 환경도 생각하는 이들의 소비
습관이다.
점심 식사와 출퇴근, 누구에게나 있는 일상이지만 이들은 그 일상의
틈에서 조금 더 건강할 수 있는 방법을 찾는다. 그중 하나가 항상
걸어서 출퇴근하는 것이다. 사라는 자못 진지하게 말하곤 한다.
"난 시골에 살았더라면 정말 농부가 적성에 맞았을 거야. 하루
종일 밖에서 움직이고 걸어 다니는 것이 제일 좋으니까." 비앙카가
태어나기 전엔 요가 수업도 다녔는데, 요즘은 주말에 다니엘과 함께
테니스를 치거나 집에서 요가책을 펴놓고 간단한 동작을 한다.

아직 어린 딸 비앙카와 함께 생활하는 침실. (위) 하얗거나 검은 인테리어 바탕에 가끔 컬러가 보인다. 플라이우드에 수채 물감으로 색을 넣은 패널은 사라의 작품. (아래)

여러 명이 삶을 거쳐간 아파트의 소중함

성격은 달라 보이지만 취향은 매우 비슷한 두 사람은 이 오래된 아파트를 개조한 후 이사했다. 사라는 전 세계 아크네 스튜디오 매장의 인테리어 디자인과 시공을 담당하는데, 자신들의 집을 개조할 때에도 스스로가 클라이언트라고 생각하며 자신의 취향을 담아냈다. "누군가 완성해놓은 공간으로 이사하는 건 우리 맘에 꼭 맞을 수 없어요. 그렇다고 멀쩡한 것들을 뜯어내기에도 아깝고, 그대로 사는 건 애매하고…. 그래서 우리가 이사할 집을 찾을 때 첫 번째 조건이 구조와 건물 상태는 좋으면서 내부는 아주 낡은 것이었어요."
도화지같이 비워내고 처음부터 다시 그릴 수 있는 집이 바로 이곳이었다. 겉보기에 낡은 아파트일수록 상대적으로 값이 싸다는 이유도 있었다. 그런데 이런 집은 대부분 노인이 오랫동안 살다 돌아가신 경우가 많다. 자칫 무섭게 들릴지 모르겠지만, 스웨덴 사람은 특별한 사고로 죽은 경우가 아니면 무서워하거나 부정적으로 생각하지 않는다. 생각해보면 스웨덴에는 수십 년에서 100년 이상 된 아파트가 많고, 그곳에서 여러 명이 생애를 거쳐갔을 것이다. 효율적인 것에 중심을 두는 문화가 삶 속에 밴 탓일까? 스웨덴에서 죽음을 대하는 방식은 꽤나 이성적이다. 가령 죽은 사람의 물건은 대물림해 사용하거나 필요한 사람에게 싼값에 판다. 그게 바로 빈티지다. 이렇게 빈티지가 생활화된 곳이 스웨덴이다.
오래된 집은 대부분 수십 년 동안 수리하지 않고 그냥 산 경우가 많아 값이 저렴하다. 사후에 가족은 집을 쉽게 팔기 위해 가구 등을 처분하고 빈 상태로 집을 내놓는다. 사라 가족이 이사 오기 전 이 집에는 60년간 노인이 살다가 노환으로 돌아가셨다. 집을 둘러보니 바닥과 천장, 전선, 주방 가구 등은 그동안 고친 적이 없는 듯 모두 낡은 상태였다.

한쪽 벽면으로 밖의 풍경이 내다보이는 아름다운 다이닝 공간. 빈티지 토넷Thonet 체어가 차분하게 잘 어울린다.

비앙카가 물고 있는 노리개 젖꼭지는 시크한 아빠의 선물이다.
블랙 & 화이트가 잘 어울리는 가족.

흑과 백 사이

사라는 매장을 디자인하는 직업의 장점을 자신의 공간 안에 한껏
펼쳐놓았다. 이 아파트에 들어서면 사라를 처음 만났을 때 모습,
블랙 원피스에 하얀 운동화 차림으로 빈티지 체어를 캔버스 천으로
덮던 바로 그 모습이 떠오른다. 그런데 블랙 & 화이트를 다니엘도
사랑하는 걸까? 그러고 보니 매번 다니엘이 입는 옷도 흑과 백 사이에
있다. 특히 요리사 다니엘이 고심해 꾸민 주방은 검은색 가구와
회색 시멘트 상판으로 이뤄져 있다. 그런데도 전혀 어둡거나 답답해
보이지 않는다.

다니엘은 언젠가 카페에서 본 시멘트 상판의 주방을 갖고 싶었다.
이사한 후 그 로망을 이루려 했는데, 가격을 알아보니 한국 돈으로
1000만 원 가까운 금액이었다. 고민한 끝에 그는 공사 중이던 집
바닥에서 직접 몰딩을 짜고 시멘트를 부어 싱크대 상판을 만들었다.
시멘트를 부을 당시에 500kg이나 되는 상판을 들어 올려야 한다는
사실을 알았더라면 이런 결정을 할 수 있었을까? 결국 장정 셋이
가까스로 들어 올린 끝에 싱크대 상판을 완성할 수 있었다. 다니엘은
이 상판을 볼 때마다 5분의 1 가격으로 끝낸 것에 매우 뿌듯해한다.
다니엘의 손길이 조금 더 간 덕분인지 주방은 남성적 느낌이 조금
강하면서 요리하기에도 편리한 구조로 되어 있다. 다니엘은 출근을
하지 않는 날에는 집에서 종종 요리를 한다. 잡지에서나 볼 법한 멋진
주방에서 요리사가 만들어주는 건강식을 먹는 호사, 상상만 해도
로맨틱한 풍경이 아닐 수 없다.

직접 만든 시멘트 상판을 얹은 주방. 요리사 다니엘이 공들인 공간이다. (위)
피카 테이블 세팅. (아래)

하얗게 꾸민 아기의 놀이방 한쪽에 카펠라고든 서머 코스에서 캔버스로 업홀스터리한 하얀 소파도 자리한다. (위)
빈티지 트레이에 올린 양주병들도 이 집에선 훌륭한 데커레이션이 된다. (아래)

LAGOM Life

스톡홀름의 건강한 식문화 트렌드

Paradiso

다니엘이 요리사로 일하는 곳으로, 좋은 식재료로 만든 베지테리언 메뉴가 많은 레스토랑.

주소 Timmermansgatan 24, Stockholm

홈페이지 paradisostockholm.se

Ai Ramen

스톡홀름에 라멘 붐을 일으킨 곳으로, 진짜 일본 라멘을 즐길 수 있는 분위기 멋진 라멘집.

주소 Erstagatan 22, Stockholm

홈페이지 www.airamen.se

A Bowl Poke Poke

최근 스톡홀름 사람들이 점심시간에 줄 서서 먹는 건강 샐러드 가게.

주소 Blecktornsgränd 8, Stockholm

홈페이지 www.abowlpokepoke.com

스웨덴 친구들 중에는 베지테리언이 꽤 많다. 베지테리언 친구들 대부분 채식을 한 지 15년 이상 된 베테랑(!)들이다. 스웨덴 국민은 대체로 환경보호 인식이 높고, 건강한 음식에 관심도 매우 높은 편이다. 베지테리언을 선언하는 사람이 많은 것도 같은 맥락으로 볼 수 있다. 그래서인지 스웨덴에서 베지테리언으로 사는 것은 전혀 불편하지 않다. 대부분의 식당 메뉴판에는 단계별 베지테리언 음식이 표기되어 있다.

심지어 유치원에서도 채식 옵션이 있다는 사실은 놀라운 일이다. 부모와 함께 베지테리언이 된 아이는 자기 의사를 표현할 수 있는 나이가 되면 고기를 먹을지 말지 스스로 결정한다. 소비 과정에서 자연과 환경을 한 번 더 생각해보는 이가 많아졌고, 이들의 의식과 노력이 깊이 있는 채식 문화를 만들어냈다. 그리고 이런 다양한 생각이 지속적으로 유지되도록 슈퍼와 식당, 유치원 등 일상의 장소에서 세심한 지원이 이루어지고 있다.

음식에 관심이 많은 사라와 다니엘은 최근 몇 년 사이에 조금 새로운 경향이 나타났다고 말한다. "스톡홀름 사람은 대체로 건강에 관심이 많아 운동을 하고 질 좋은 음식을 먹는 데 투자를 아끼지 않죠. 하지만 그 와중에 하루 정도는 '건강 염려'에서 벗어나 생활하는 거에요. 저와 친구들은 이런 생활 방식을 'Green Organic Tea & A Cigarette Lifestyle'이라고 해요. 건강한 음식과 요가가 일상이라면 주말은 와인과 햄버거로 대체해 일탈하는 거죠."

이들은 몸에 좋은 음식과 관련한 책을 많이 읽는데, 그 책에서 소개하는 대부분의 음식이 채식 위주의 식단이다. 그래서 웬만하면 베지테리언에 가까운 식사를 하려고 노력한다. 다만 '베지테리언 선언'은 하지 않는다.

고기가 먹고 싶을 땐 고기를 먹는 것이 삶의 즐거움이고, 그것이 일종의 균형이기 때문이다. 단, 질 좋은 유기농 고기라는 전제 조건이 충족되어야 한다. 그리고 또 친구에게 초대받았을 경우 초대한 이들이 크게 신경 쓰지 않도록 고기도 잘 먹는다.

"절대로 고기를 먹지 않겠다, 술을 마시지 않겠다는 말은 하지 않아요. 그럴 경우 삶의 많은 부분에서 제약을 받는 느낌이 들어요. 우리는 건강하게 살면서 동시에 인생도 즐기고 싶거든요."

한때 스톡홀름에선 라멘이 인기였다. 사람들은 라멘 식당으로 몰려가고, 라멘에 대해 이야기하고, 친구 몇 명은 도쿄로 라멘 여행을 떠나기도 했다. 요즘엔 하와이안 샐러드인 포케볼Poke Bowl 열풍이 거세다. 사시미 샐러드라고도 하는데 테이크아웃하는 데에도 40분 정도 줄을 서야 할 정도다. 건강과 인생을 모두 즐기는 스톡홀름 사람의 라이프 스타일이 그대로 드러나는 풍경이다.

적지도 많지도 않은 행복의 나날

전원생활을 즐기는 70대 부부 / 귀닐라 & 콘뉘

하얗게 눈 덮인 욀란드에서 맞이한 첫 겨울, 귀닐라를 만났다. 텍스타일을 공부하려고 욀란드에 왔지만, 학기가 시작되려면 반년이나 남은 상태였다. 남편은 그동안의 적적함을 동네 사람들을 사귀면서 달래라며 뜨개질하는 귀닐라 할머니를 소개해주었다. 욀란드 농장에서 양털을 가져다가 실을 꼬고 뜨개질하는 귀닐라의 집에 간 첫날이었다.

허리 정도 오는 낮은 울타리 문을 손으로 쓱 밀고 들어가서 나무 현관문을 두드렸다. 난로 앞에서 뜨개질하던 귀닐라는 두툼하고 거친 손으로 내 손을 힘주어 잡으며 반겼다. 장난기 많은 소녀의 얼굴, 귀닐라의 첫인상이었다.

귀닐라의 남편 콘뉘는 하루에도 몇 번씩 아내를 "사랑하는 나의 작은 여인"이라고 부른다. 마음속엔 20대 청년이 사는 70대 노인이다. 오래 걷는 것도 힘들어할 정도로 건강이 그리 좋진 않지만, 늘 세련된 농담으로 상대를 유쾌하게 만들어준다.

우리 부부는 틈틈이 그 울타리 안으로 들어가 그들과 스웨덴 문화, 뉴스거리 등을 주고받았다. 이제 귀닐라와 콘뉘는 스웨덴 생활을 하는 내게 가장 중요한 조언자이자 친구가 되었다.

"정원을 가꾸는 건 운동하는 것처럼 규칙적이죠. 우리의 한 해살이 계획은
가드닝과 맞물려 있어요. 사과나무를 가지치기하는 2월에는 창문 청소부를
부르고, 모종을 심는 4월에는 겨우내 땔 장작을 주문해요.
5~6월이 되면 이틀에 한 번꼴로 쑥쑥 자라는 잔디를 깎아야 합니다.
고되지 않냐고요? 손을 쓰는 게 오히려 건강에 도움이 됩니다."

낮은 대문을 열면 송로버섯을 찾아내는 이탤리언 라고토 로마뇰로종인 강아지
엘리엇과 야파가 먼저 반긴다. 그리고 산책을 따라다니는 고양이 두 마리, 주말마다
할머니댁에 놀러 오는 빨강 머리 손녀 마야Maja. 노부부의 평화로운 주말 풍경이다.

동화 같은 마을, 동화 같은 집

욀란드는 스웨덴 사람이 여름 별장을 짓고 휴가를 보내는 섬으로
유명하다. 자연경관이 수려해 유네스코 세계자연유산에 등재되어
있다. 그 욀란드 속 작은 마을 비클레비Vickleby는 친구들의 표현을
빌리자면 '조금 특별한 시골'이다. 스웨덴인의 평균 이상으로 예술을
좋아하고 소비할 줄 아는 사람들이 사는 마을이다. 이 비클레비
마을에 카펠라고든이 자리하고, 같은 골목에 귀닐라 요한손Gunilla
Johansson과 콘뉘 요한손Conny Johansson 부부의 집이 있다.
그들을 처음 만난 겨울, 민트색 벽에 수를 놓은 듯한 나무 장식,
주황색 지붕, 스테인드글라스가 내 마음을 사로잡았다. 여름엔
노부부가 노을을 바라보며 베란다의 파라솔 아래서 식사를 하고,
겨울이면 난로 앞에 나란히 앉아 콘뉘는 TV를 보고 귀닐라는
뜨개질을 한다. 그리고 난로 앞 털실 바구니 옆에서는 고양이가 잠을
잔다. 길에서 마주치는 모든 이웃과 인사하고, 과일·고기·빵 같은
것을 나누며 사는 귀닐라의 삶을 보노라면 '동화 속 삶'보다 더 잘
어울리는 표현은 없는 듯하다.
부부는 원래 욀란드 다리를 건너면 바로 닿는 도시 칼마르Kalmar에
살았다. 이 욀란드 집은 여름 별장으로 쓰다가 1997년 살림을 정리해
아예 이곳으로 옮겨왔다. 도시에 살다가 은퇴 후 여름 별장으로
이사하는 것은 스웨덴에서 흔히 있는 일이다(스웨덴 인구의 5분의
1이 여름 별장을 가지고 있다. 경제활동을 하는 인구만 고려한다면
별장을 갖는 것이 꽤 일반적이다).

귀닐라가 수건을 직조하는 베틀. 환한 천창 아래 놓여 있다. (위) 우리가 비클레비에 가는 날이면 꼭 머물라고 내어주는 이 방에서 나와 남편은 편하게 짐을 푼다. 주말엔 자녀와 손주들이 머물다 가는 손님방이다. (아래)

해마다 농부들은 양털을 깎아 태워버린다. 귀닐라는 농가에서 버리는 양털을 가져와 씻고 빗은 다음 물레를 돌려
실을 뽑는다. 1년 동안 준비해 둔 다양한 식물로 천연 염색도 한다. (위) 귀닐라가 TV를 보며 실을 뽑는 곳. (아래)

뒤뜰 정원에는 초봄에 심었던 씨앗들이 계획대로 자랐다. (위) 귀닐라 집 창가에는
각종 화분이 놓여 있다. 특히 잘 자라는 펠라고니움은 해가 갈수록 늘어난다. 스웨덴에는
'잘 사는(행복한)' 집의 펠라고니움을 몰래 꺾어 심으면 잘 산다는 이야기가 있다.
귀닐라는 우리가 말뢰로 이사할 때 여러 가지 펠라고니움 끝을 꺾어 손에 쥐여주었다.

정원을 가꾸는 즐거움

"정원을 가꾸는 건 마치 운동하는 것처럼 규칙적이죠. 우리 부부의
한 해살이 계획은 가드닝과 맞물려 있어요. 토마토가 익는 시기,
크랜베리가 맛있는 시기, 유리온실 안에 포도가 열리는 시기가 다
다르거든요. 사과나무 가지치기하는 2월에는 창문 청소를 해야 하고,
모종을 심는 4월에는 겨우내 땔 장작도 마련해두어야 해요. 또 때가
되면 버섯을 따러 숲으로 가고, 손으로 양털을 빨기도 하지요. 고되지
않냐고요? 손을 쓰는 게 건강에도 좋답니다."

꽃과 과실나무 그리고 채소가 가득한 뒤뜰과 유리온실까지, 귀닐라의
집 중심은 정원이다. 2월 말이면 어김없이 사과나무를 가지치기했고,
6월이 지나면 탐스럽게 열린 사과를 돌봤다. 해가 길어지는
5월부터는 뒤돌아서면 자라는 정원의 잔디를 깎았다. 귀닐라는
이 모든 일을 혼자 해냈다. 손주들을 위한 흙더미, 포도가 자라는
유리온실, 온기가 필요한 두 개의 채소 온실까지 모두 귀닐라의
보살핌 속에 있었다.

가끔 내가 들르는 날이면 식물들이 얼마나 잘 자라는지 신나게
설명하고, 생아스파라거스를 뜯어 맛보게 하거나 풀잎 냄새를 맡게
했다. 특히 귀닐라의 정원에서 치즈 맛 나는 노란 토마토를 맛보는
행복이란!

한번은 귀닐라가 카펠라고든 가드닝 코스 학생의 도움을 받아 도면을
그리고 가드닝 계획을 세웠다. 그리고 그 친구와 함께 계획한 대로
씨를 심었다. 여름이 되니 도면과 똑같은 정원이 조성되었다. 마치
작은 식물원 같은 정원이었다. 그 뒤로 매년 초 귀닐라는 정원을 새로
계획하고 한 해 동안 그에 맞춰 가꿔나간다.

요즘엔 강아지들과 아침 산책을 한 후 꽃을 꺾어 작은 부케
만드는 기쁨을 만끽하고 있다. 식탁이 그 정원의 정취로 물든다.
스웨덴에서는 부지런할수록 여름을 맛보는 즐거움이 늘어난다.

갖가지 식물이 자라는 뒤뜰의 작은 그린하우스.

현실의 귀닐라를 매우 잘 표현한 액자 속 사진은 포토그래퍼인 손녀가 찍었다.

마당에서 열린 생일 파티

6월 어느 날, 귀닐라가 직접 만들어 보낸 생일 초대장이 우리 집
우편함에 꽂혀 있었다. 흐드러진 양귀비꽃 사진 위에 귀닐라의
민트색 집 사진을 얹은 초대장이었다.

귀닐라의 생일 파티는 집 앞마당에서 열렸다. 한껏 차려입은 그녀의
친구들이 하나둘 마당으로 들어섰다. 그들은 귀닐라를 포옹하고 축하
인사를 건넸다. 그날은 귀닐라의 칠순 생일이었다.

그들의 허식 없는 선물은 간결하고 아름다웠다. 책을 가지고 온
친구, 화분을 들고 온 친구도 있었다. 욀란드에 살고 있는 화가 요한
페르손Johan Persson은 귀닐라의 집 앞길을 그린 풍경화를 건넸다.
동네에 사는 친구 군보Gunvo는 귀닐라를 위한 시를 한 편 써서
선물했다. 군보가 시를 낭송할 땐 모든 손님이(스웨덴어를 능숙하게
알아듣지 못하는 나와 남편을 제외하고) 미소 짓거나 눈을 지그시
감기도 하고 소리 내어 웃기도 했다.

칼마르에 사는 아들 내외는 해외로 여름휴가를 가서 파티에 참석하지
못했다. 귀닐라는 그들의 일정을 존중하며 크게 개의치 않았다.
파티가 끝나자 그녀는 언제나 그랬듯 무거운 테이블과 의자를 번쩍
들어 창고에 넣어두었다. 몸도 마음도 건강한 70세의 모습이었다.
나의 칠순도 이렇게 보낼 수 있기를 빌어본다. 물질보다 마음에 더
가치를 두는, 부담 없이 모두가 행복했던 그날처럼.

송로버섯을 찾아내는 라고토 로마뇰로종인 엘리엇의 오후.

좋아하는 그림을 고쳐 달고 있는 귀닐라.

젊은 시절 콘뉘가 월급보다 더 비싸게 주고 구입한 작품. 그 아래에 손자의 5년 전 사진과
지인들에게 받은 엽서를 하나하나 벽에 꽂아두었다.

디자인과 예술을 소비하는 시골 부부

처음 귀닐라에게 뜨개질을 배우러 갔을 때 그녀는 칼 말름스텐의
모르파르Morfar 암체어에 앉아 뜨개질을 하고 있었다. 콘뉘는 윙베
엑스트룀Yngve Ekström의 라미노Lamino 체어에 앉아 텔레비전을
보고 있었다. 두 사람이 자신이 앉아 있는 의자의 디자이너를 알
거라고 생각하지 않았기에 나는 그냥 "의자가 예쁘네요"라고 말했다.
한데 귀닐라의 입에서 나온 말이 "이건 모르파르 체어인데 디자이너
칼 말름스텐이랑 윙베 엑스트룀은 같은 시기에 활동했어"라니!
귀닐라와 콘뉘는 디자인 잡지를 즐겨 보고 가구 회사의 카탈로그도
분기별로 챙겨 본다. 나와 남편이 새로운 디자이너나 브랜드에 대해
말하면 귀닐라는 바로 검색해본다.
이들은 예술품에도 관심이 많아 오래전부터 좋아하는 작품을
구입해왔다. 수십 년 전 세무사 콘뉘의 월급보다 더 많은 돈을 주고 산
그림도 있다. 귀닐라네 거실에 처음 들어간 날, 그녀는 가장 잘 보이는
곳에 걸린 그림에 대해 설명해주었다. 큰딸이 이 집에서 결혼한 날을
그린 그림으로, 그날 초대받은 앞집 화가가 귀닐라의 가족이 찍은
사진을 보고 그대로 그린 것이다.
"작품은 우리 부부의 추억이에요. 젊은 시절부터 경매장에 가서
사거나, 작가를 찾아가 사고, 여행을 가서도 구입했어요. 친구의
그림도 있고, 사진작가인 손녀딸의 작품도 있지요. 물론 손주들이
그려준 그림도 곳곳에 걸어두었죠."
"행복해서 웃는 게 아니라 웃어서 행복한 겁니다"라는 누군가의
말처럼 여유가 있어서 예술을 소비하는 것이 아니라, 좋아하는
예술을 즐기는 습관으로 여유를 갖는 것은 아닐까.

첫째 딸 결혼식 장면을 그린 동네 화가의 작품.

윙베 엑스트룀이 사람의 앉은 자세를 고려해 가장 즐거움을 느낄 수 있도록 디자인한 라미노 체어.
귀닐라는 예술 작품은 물론, 디자인 제품에도 관심과 조예가 깊다.

LAGOM Life

스웨덴 은퇴 노인의 생활

평균 은퇴 나이

스웨덴 사람들의 평균 은퇴 나이는 64.5세다. 61세부터 은퇴를 할 수 있지만, 은퇴 시기가 늦어질수록 월간 연금 수령액이 높아진다.

은퇴 노인의 연금

모든 스웨덴 국민은 퇴직 후 국가 퇴직 연금을 받을 자격이 있다. 스웨덴의 은퇴 노인은 평균 월 1만1093크로나(한화로 약 150만 원)를 받는다.

노인 의료 복지

스웨덴 정부에서는 의료보험금 보조 외에도, 노약자의 주요 건강 문제인 개인 상해를 예방하기 위해 노인을 돕는 해결사(Fixers) 서비스를 제공하고 있다. 커튼 걸기, 전구 교체 등의 가사 노동을 돕는 서비스다.

귀닐라는 간호대학을 나와서 몇 년 전까지도 산부인과 간호사로 일하다 65세에 은퇴했다. 그녀는 은퇴할 즈음 그동안 못 해본 것을 하면서 살기로 마음먹었다. 텍스타일에 관심이 많았기에 천을 사다 옷이나 모자를 만들고, 욀란드의 농장에서 양털을 가져다가 실을 뽑기도 한다. 귀닐라는 앞마당 차고 한편에 작은 부티크를 차려놓았는데, 손으로 뽑은 울로 옷이나 담요·양말 등을 틈틈이 만들고, 그곳에서 판매도 한다. 넉넉한 살림에도 취미 생활이자 소소하게 용돈을 벌면서 사는 귀닐라의 모습은 진지하기까지 하다.

남편 콘뉘는 71세의 나이에도 은퇴하지 않고 일한다. 세무 회사를 운영하는 그는 지금 은퇴를 해도 꽤 많은 연금을 받을 수 있지만, 계속 일하고 싶어 한다. 은퇴 시기가 지난 후에는 출근하는 날을 일주일에 3회로 줄였다. 회계사인 아들이 콘뉘의 회사를 맡고 있으며, 당뇨 증세가 있는 콘뉘는 감당할 수 있는 만큼만 일한다.

세무사인 콘뉘와 스웨덴의 세금에 대해 이야기를 나누곤 했다. 스웨덴 사람은 세율이 높은 데 비해 세금에 대한 반감이 적다고 한다. 스웨덴에서 일하며 국가에 낸 소득세는 학비와 병원비, 주택 구입, 육아, 고용 복지 등 피부로 느낄 수 있는 일상의 혜택으로 돌아온다. 은퇴한 노인의 연금도 이에 해당한다.

경제활동을 통해 세금을 낸 사람은 은퇴 후 상당한 연금을 받으며 노후를 보낼 수 있다. 연금으로 카페에서 느긋하게 차를 마시고, 괜찮은 레스토랑에서 식사도 할 수 있는 여유로운 생활이 보장된다.

친구들에게 물은 적이 있다. "정부에서 세금을 조금 더 걷는다면 어떨 것 같아?" 적어도 내 주변 스웨덴 사람들은 모두 괜찮을 것 같다고 대답했다. 이미 세금이 많기로 유명한 스웨덴인데, 더 내도 괜찮다니. 우리나라에서 '증세 없는 복지'가 화두였던 터라 나는 카페에 앉아 그 차이를 가만히 생각해보기도 했다. 카페 문을 열고 노부부가 들어왔다. 둘은 커피와 케이크를 하나씩 주문하더니 창가 옆 테이블에 자리 잡고 조용히 얘기를 나눴다. 커피 한 잔을 비우고 나서도 한참을 마주 앉아 햇살 비치는 오후를 여유롭게 보냈다. 3만 원의 커피값과 사랑하는 사람과의 조용한 데이트 시간….

스웨덴에서는 대부분의 노인이 큰돈 걱정 없이 살 수 있다. 우리 정서로는 매정한 이야기처럼 들리겠지만, 스웨덴에서는 늙은 부모 혹은 편부, 편모를 자녀가 모시지 않고 국가가 책임지는 것을 당연하게 여긴다. 돌봄이 필요한 노인은 주택을 처분하고 노인 주택 혹은 작은 아파트에 입주한다. 스웨덴에서는 노인의 이사를 덤덤하게 받아들이는 분위기다. 오히려 자녀가 부모를 방문하는 횟수는 우리보다 높고, 가족 간 유대 관계도 매우 돈독하다.

boiida

신서영의 텍스타일 브랜드

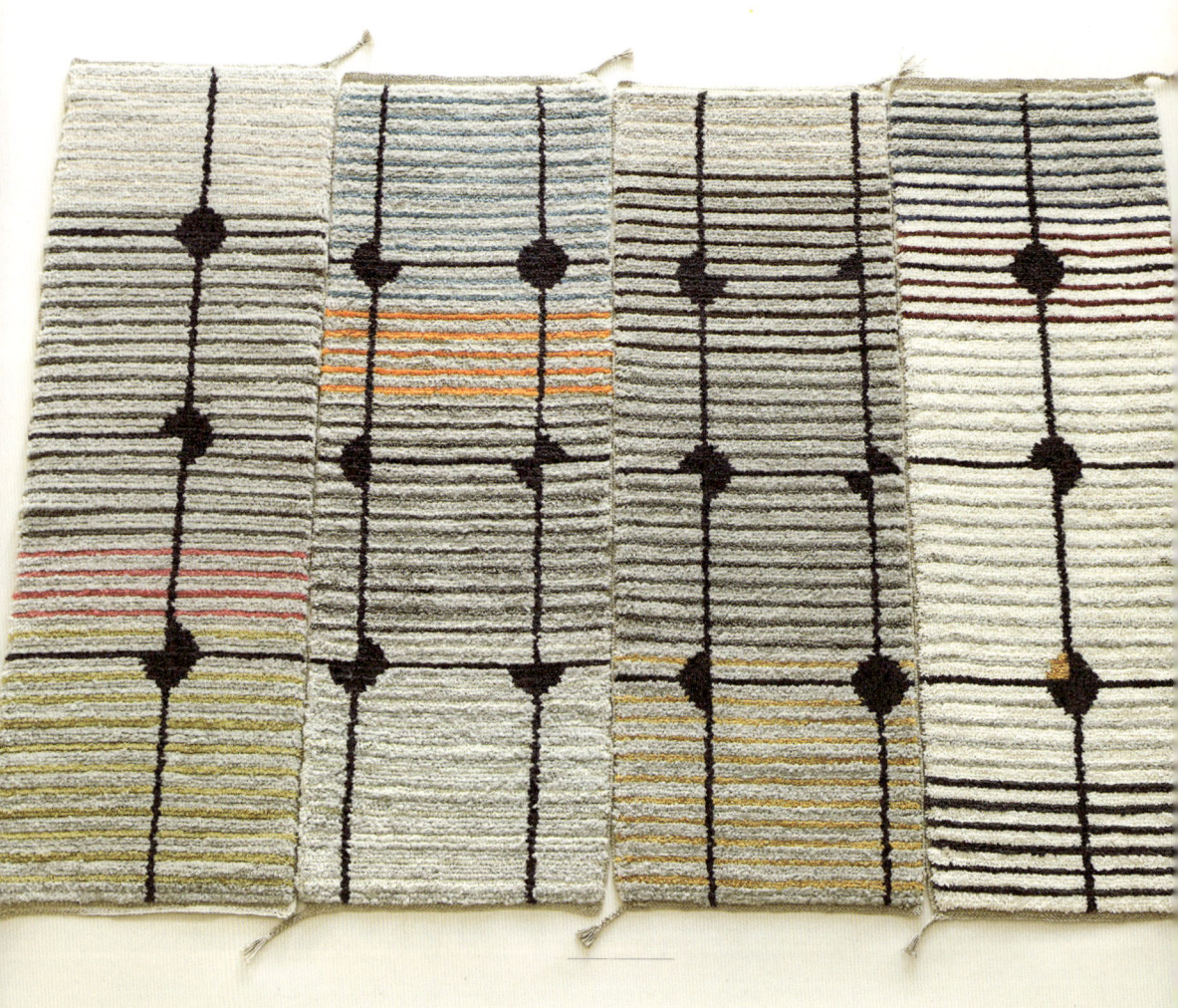

"지난 5년간 텍스타일 분야에서 고랑을 파고, 그 고랑이 깊어지기를
기다리던 즐거운 시간들이 첫 결실을 맺는다. 바로 '보이다Boiida'.
값비싼 것은 아니지만 일상에서 나를 조금 더 위해주는 것, 쓰는 내내
즐거운 것, 가치 있는 소비를 위해 수명이 긴 것…. 이런 제품을 하나씩
만들어나갈 것이다. 사용자에게 좀 더 나은 삶을 만들어주겠다는 원대한
포부보다는 일상에서 작은 즐거움을 느낄 수 있게 하고 싶다는
작은 바람이 '보이다'에 담겨 있다." _신서영

네 식구에게 완벽한 크기의 삶

조경 디자이너 커플 / 엘프리다 & 안톤

"학교에 엘프리다라는 친구가 있는데, 너랑 잘 맞을 것 같아." 카펠라고든의 학기가 시작되려면 반년은 기다려야 하는 나를
미리 시골로 데려온 남편이 말했다. 귀닐라가 양털로 털실 꼬는 야간 수업을 연 날 "반가워. 처음 보는 얼굴이네!" 하며 인사
를 건넨 친구가 바로 엘프리다였다. 마음속 깊은 곳에서 웃음이 퐁퐁 솟는 것 같은 표정의 친구였다.

엘프리다와 안톤은 조경을 공부한 커플이다. 엘프리다는 석사과정 중 휴학하고 카펠라고든에서 가드닝과 세라믹을 배웠다.
안톤은 엘프리다의 카펠라고든 입학 시기에 맞춰 욀란드의 관공서 도시개발부에서 일하기 시작했다. 스웨덴의 탄탄한 복지
덕분인지, 조바심 내지 않으며 욕심 없이 살아서인지 20대 중반의 학생 부부로서, 또 두 아이 부모로서 이들의 일상은 여유
로웠다. 우리 두 가족 모두 2년 동안의 욀란드 생활을 정리하고 말뫼로 이사 왔다. 그리고 가까이 사는 이웃이 되었다.

"아이들과 밖에서 보내는 시간이 가장 많아요. 공원과 놀이터에서
놀다 들어오면 집에선 책을 읽는 것 말고는 별다른 놀이가 필요하지 않죠.
게다가 우리는 아이에게 많은 물건이 필요하다고 생각하지도 않고요.
가장 중요한 것은 부모가 얼마나 많이 곁에 있어주느냐예요."

개구쟁이 비다와 순둥이 모.

"신발이 맛없다는 것도 먹어봐야 알지!"

"꼭 치킨 같지 않아? 한번 안아볼래?"

그렇게 조그만 아기를 안아본 건 그날이 처음이었다.
만삭의 몸으로 인라인스케이트를 타고 학교에서 9km나 떨어진
슈퍼마켓에 다녀오곤 하던 엘프리다 클라카Elfrida Klacka였다.
바람이 많이 불던 어느 늦겨울 저녁, 엘프리다가 아기를 낳았다는
소식을 들었다. 그리고 그다음 날 엘프리다는 아기를 데리고 학교에
왔다. 첫아이 비다Vida는 엘프리다가 석사과정 중 휴학을 하고
카펠라고든에 다닐 때 태어났다. 그 아이가 벌써 만 세 살이 됐다.
둘째 아이 모Mo가 배 속에 있을 때도 엘프리다는 자전거로 10km
거리를 통학했다. 만삭 때 페달을 밟기 불편해지고 나서야 버스를
탔다. "불편해서지 힘들어서는 아냐"라는 한마디만 할 뿐이었다.
이 친구들은 10km 정도 거리는 자전거로 다닌다. 물론 아이 둘을
데리고서. 따로 운동할 시간을 내는 대신 선택한 방법이다.
엘프리다와 안톤 클라카Anton Klacka 커플은 자연을 사랑하는
스웨덴 사람 중에서도 유난히 자연 사랑이 각별하다. 집 안에는 늘
식물이 가득하고, 가족이 함께하는 시간은 대부분 아이들과 밖에서
보낸다. 비다는 잔디 위에 떨어진 간식도 툭툭 털어서 먹는다. 흙
놀이를 하던 손 그대로 삶은 달걀을 집어 들기도 한다. 어느 날은
비다가 신발을 벗어 입으로 가져갔다. "비다, 안 돼!" 내가 반사적으로
소리를 지르자 엘프리다는 "신발이 맛없다는 것도 먹어봐야
알지"라며 대수롭지 않게 대꾸했다. 면역력 강하게 키운 덕분인지
아이들은 아픈 데 없이 잘 자라고 있다.

몰레봉엔은 번화한 동네로 밤늦게까지 문을 여는 동남아시아 식당과 중동 식당, 펍이 즐비하다.
우리가 이국적인 분위기의 매력에 이태원으로 모이듯 말뫼 젊은이들은 이국적인 문화와
스웨덴 문화가 섞인 이곳에 모인다.

활기차고 번잡한 몰레봉엔

얼마 전 엘프리다와 카페에서 피카를 즐기고 있는데, 손톱 깊숙이
때가 낀 로마니Romany(집시) 아줌마가 엘프리다에게 동전을
구걸했다.

늘 이런 상황에서 가방과 주머니를 구석구석 뒤지는 엘프리다는
이날도 동전을 몇 개 찾아냈다. 로마니는 모에게 다가가 활짝 웃더니
잠시 후 바나나 한 개를 건넸다. 엘프리다는 "오, 정말 친절하세요"
하며 바나나를 바로 모에게 먹였다. 한 입 베어 물고 배시시 웃던 모의
모습은 아마도 오랫동안 마음에 남을 것 같다. 동전을 애써 찾아서
주지 않았다면, 아이를 지저분한 로마니 근처에 못 가게 막았다면,
바나나를 애써 사양했다면 일어나지 않았을 마음의 기브 앤드
테이크Give and Take였다.

미디어에서는 말뫼를 강력 범죄가 자주 일어나는 위험한 도시라고
이야기한다. 그리고 강력 범죄는 주로 난민이나 이민자가 모여 사는
지역에서 일어난다고 보도한다. 하지만 정작 스웨덴 사람은 난민
같은 약자에게 매우 관대하다. '그들도 스웨덴 사람처럼 평범하고
평등한 삶을 살아갈 권리가 있으며, 평등하게 되기까지 사회가
도와야 한다'고 생각한다. 내 주변만 봐도 미디어에서 떠드는 범죄와
이민자의 연관성은 반드시 '팩트 체크'가 필요하다고 말하는 친구가
많다. 엘프리다와 안톤 커플도 그중 하나다.

이들은 말뫼에서도 몰레봉엔Möllevången 지역에 살고 있다.
몰레봉엔은 이국 문화를 좋아하는 스웨덴 젊은이들과 이민자들이

번화한 동네 건물로 들어오면 안쪽에는 조용한 아파트 공간이다.

섞여 떠들썩한 곳이다. 밤늦게까지 영업하는 아시아 식당, 중동
식당, 펍이 즐비한 동네이기도 하다. 한낮 광장에선 채소를 파는
동유럽·아랍 출신 장사꾼과 주민들이 번잡함과 활기를 만들어낸다.
말뫼에서 유일하게 낮과 밤이 활기차고 조밀하게 돌아가는 동네가
바로 묄레봉엔이다. 백인만 사는 지역은 지루하다는 엘프리다와
안톤은 일부러 묄레봉엔에 집을 구했다. 문만 열고 나가도 각국의
문화를 매일같이 느낄 수 있는 곳이다.
1층에 타이 음식점이 있는 건물로 들어가면 작은 중정이 나오고,
3층으로 올라가 벨을 누르면 층고가 높은 아파트 문이 열린다. 이제
만 세 살인 비다가 세상에서 가장 귀여운 웃음을 지으며 나를 반긴다.

내가 엘프리다와 안톤을 통해 본 스웨덴은 '자연'이다. 이들의 아이들은 자연과 함께,
자연스럽게 잘 자라고 있다.

물려받은 것이 가득한 집

네 식구가 50㎡(약 15평)의 작은 임대 아파트에 살고 있지만, 이들의
공간에서는 왠지 모르게 여유를 느낄 수 있다. 침실 하나에 거실
하나, 주방 하나로 이루어진 작은 아파트를 이들은 "우리 네 식구에게
완벽한 크기"라고 말한다. 지금 이들에게 중요한 건 요리하면서도
거실에서 노는 아이와 대화할 수 있는 시간, 함께 책 읽고 밥 먹고 한
공간에서 숨결을 느끼며 보내는 시간이다. 물리적으로 붙어 지내는
이 시간이 두 번 다시 오지 않을 것임을 잘 알고 있다.

아기용품이 많지 않은 것이 이 집의 여유로움에 한몫한다. "아이들과
밖에서 보내는 시간이 가장 많아요. 밖에서 놀다 들어오면 집에선
책을 읽는 것 말고는 별다른 놀이가 필요하지 않죠. 게다가 아이에게
많은 물건이 필요하다고 생각하지 않아요. 가장 중요한 것은 부모가
얼마나 많이 곁에 있어주느냐예요. 아이가 주방에 들어오면 스푼이나
나무 주걱을 쥐여줘요. 아이의 장난감으로 더없이 훌륭하거든요.
두드리기도 하고 입에 넣기도 하면서 행복해하죠. 일부러 놀이를
위해 만든 플라스틱 장난감보다는 이런 것에 아이가 더 흥미를 가질
것이라 믿어요." 어쩌면 장난감은 부모의 소비욕 때문에 사는 건
아닌지 생각해보게 하는 이야기다.

빈티지 천을 잘라 열려 있는 현관과 거실 공간을 분리했다. (위) 엘프리다의 친구는 자기 부모의 여름 별장에서 찾은 오래된 아기 침대를 모에게 선물했다. 침실에는 이 커플의 침대와 아기 침대 두 개를 두었다. (아래)

요즘 말괄량이 삐삐를 가장 좋아하는 말괄량이 비다. (위)
비다 침대 위 소품들. 안 쓰는 서랍장의 서랍을 꺼내 벽에 붙이니 소품을 올려둘 작은 선반이 되었다. (아래)

안톤은 조경학을 전공하고 일하다가 문득 몸 쓰는 일을 하고 싶다며 나무를 관리하는
과정을 심화해서 배웠다. 이제는 오피스 업무와 높은 나무에 올라가 수목을 관리하는
일을 동시에 하고 있다. 나무 타는 안전 장비들을 꺼내서 설명하는 안톤.

엘프리다가 어릴 때 언니와 함께 썼다는 유모차는 어느새 비다와
모가 쓰고 있다. 스윙 체어나 아기 침대 등 언뜻 봐도 타임머신을
타고 건너온 듯한 물건이 집 안 곳곳에 즐비하다. 대부분 엘프리다와
안톤이 어릴 때 쓰던 것이다. 질 좋게 만든 수십 년 전 스웨덴 빈티지
아기용품을 둘러보는 것만으로도 흥미로운 집이다. 20~30대 스웨덴
친구들의 집이 대부분 그렇듯 이들 집에도 새것보다는 빈티지 제품이
많다. 가구는 주로 친구나 가족에게서 물려받았거나, 중고 매장에서
저렴하게 구입한 것들이다.
지금 비다가 쓰는 침대는 안톤의 엄마가 아기 때 사용한 것이라는
거짓말 같은 이야기를 엘프리다가 들려주었다. 이후 아기 안톤이
썼고, 이제 비다의 침대가 되었다. 비다의 할머니가 아기 때 쓰던
침대라니! 침대를 따라 빙 둘러 커튼을 치면 오롯이 비다만의
공간이 된다. 빈티지 가구에서 빼낸 서랍을 벽에 붙여 선반을
만들어주었더니 비다는 그곳을 자기만의 장난감 보관소로 사용한다.
비다는 밖에서 뛰어노는 걸 좋아하는 삐삐 같은 말괄량이지만,
이 작은 공간에 등을 켜고 혼자 있는 시간도 좋아한다.
엘프리다와 안톤 가족의 삶은 '얼마만큼 소유해야 하는가',
'얼마만큼 갖고 살아야 만족하는가'에 대한 생각을 끄집어내준다.
그건 스스로에게 달려 있다는 것을 이 작은 아파트에서 알콩달콩
복닥거리며 사는 이들의 일상이 말해준다.

비다와 엘프리다. 그리고 액자 속 사진은 안톤이 작가 친구의 모델이 된 모습이다.

비다의 할머니가 아기일 때 사용한, 그리고 비다의 아빠가 아기일 때 다시 사용한 그 아기 침대는
이제 비다의 침대가 되었다.

햇빛을 한껏 받아내는 큰 창문. 벽에는 한두 점의 그림만 걸어 여백을 더 부각시켰다.

LAGOM Life

스웨덴의 자연을 배회할 권리, 알레만스레텐

알레만스레텐 1

폐가 되지 않는다면 땅 주인 허락 없이도 모든 땅에서 캠핑할 수 있다. 단, 텐트를 치려면 농작물이 자라는 곳이나 집과 가까운 땅은 피해야 한다. 또 두세 개를 치는 것은 괜찮지만, 캠핑하는 그룹의 규모가 큰 경우는 허락을 받아야 한다.

알레만스레텐 2

농작물이 아닌 땅에서 자란 꽃, 베리 그리고 버섯 등은 마음껏 따도 괜찮다. 하지만 희귀한 꽃은 채취하면 안 된다. 국립공원의 경우 그 안에서 스키, 자전거, 승마, 사냥, 낚시 등도 자유롭게 즐길 수 있다.

알레만스레텐 3

안전한 설비를 갖췄다면 야외에서 불을 지펴도 된다. 다만 자연보호 지역과 국립공원에서는 금지한다. 캠프파이어로 인해 주변 숲에 불이 나는 경우가 매년 발생하기 때문에 반드시 주의해야 한다.

엘프리다와 안톤은 언제든 밖으로 나갈 준비가 된 친구들이다. 그 '밖'은 집 밖 정원이나 놀이터이기도 하고, 말뫼 근교이기도 하고, 비행기를 타고 가는 먼 나라이기도 하다. 이들은 오늘 지금 딱 필요한 것만 생각하는 정신적으로 단조로운 순간이 바로 여행이라고, 옷과 신발 등 몇 가지만 있으면 물질적으로도 단출한 생활이 가능한 것이 여행이라고 생각한다. 아이들이 생긴 후 이들의 여행에서 달라진 점은 이전보다 조금 덜 활동적이라는 것뿐이다. 하지만 여전히 궁금한 곳으로 모험을 떠나 단순한 생활을 즐긴다.

비다가 태어나고 몇 달 지나지 않아 세 식구는 텐트를 차 지붕에 이고 유럽 자동차 여행을 떠났다. 윌란드를 출발하던 날, 살짝 걱정 섞인 인사를 건넨 건 나의 기우였다. 아기가 너무 피곤하지 않도록 한곳에 조금 길게 머무는 정도로 타협했을 뿐, 이들은 늘 그래 왔듯이 친구 집에 머물거나 캠핑을 하고 에어비앤비를 찾았다. 바이크 트립·달리기·하이킹 등을 마음껏 즐기지 못할 때가 많아졌고, 예전처럼 맘 내키는 대로 펍에서 맥주 한잔 들이켜는 여행은 아니지만, 이들의 여행은 아이가 생김으로써 크게 달라지진 않았다. 여전히 즐겁다! 현지인처럼 머무는 것, 동네 슈퍼마켓에서 장 봐서 밥해 먹는 것, 자전거를 타고 여러 곳을 구석구석 다니는 것, 현지인과 더 많이 만나는 기회를 갖는 것만으로도 여행은 온전히 그들의 것이 된다. 이들 여행에서 꼭 가야 하는 맛집 리스트 같은 건 있을 리 없다. 자신들만의 경험을 만들어가는 여행이니까.

모가 배 속에 있을 때 떠난 쿠바 여행도 마찬가지였다. 모가 태어나고 다시 쿠바로 떠난 여행에서 그들은 오히려 쿠바에 좀 더 깊숙이 들어갈 수 있었다. 이들이 쿠바에서 보내온 사진은 노란 머리와 파란 눈의 쿠바 가족처럼 보였다.

"윌란드 초원에서 침낭 깔고 자본 적 있어? 눈을 뜨고 있으면 별이 막 쏟아져."
이 한마디에 나는 3년 동안 윌란드에서 캠핑 한 번 해보지 못한 것을 무척 후회했다. 작업을 마치고 집으로 가는 길, 쏟아지는 별을 본 밤은 헤아릴 수 없이 많지만, 초원에서 별을 바라본 적은 없었다. 당장 주말에 짐을 싸서 윌란드로 가고 싶다는 생각마저 들었다. 어디서나 캠핑이 가능한 스웨덴 땅에서 난 그 멋진 기회를 놓치고 산 것이다.

스웨덴에는 특별한 규율이 하나 있다. 스웨덴의 모든 사람은 "땅을 손상시키지 않는 범위 안에서 그 땅을 사용할 권리가 있다"는 요지의 '알레만스레텐 Allemansrätten(배회할 권리, 모든 사람의 권리)'이 그것이다. 몇 가지 상식만 지킨다면 이 나라에서 자연을 누리는 건 모든 국민에게 허락된 권리다.

자연을 아끼는 동시에 실컷 누릴 줄 아는 문화가 이들의 뼛속 깊이 자리 잡은 이유는 이런 환경에서 자연스럽게 자라왔기 때문일 것이다.

당장은 더디더라도, 나다울 것

텍스타일을 공부하는 대학생 / 카리나 페테르손

2013년 4월의 윌란드, 공기는 여전히 차가웠지만 지루한 겨울 끝에 맞은 봄볕은 사치스럽도록 눈부셨다. 나는 커피 한 잔을 들고 카펠라고든 마당의 벤치에 앉았다. 잠시 후 단발머리 절반을 질끈 묶은 카리나가 햇살에 미간을 찡그린 채 환하게 웃으며 다가왔다. 꽤 쌀쌀한데도 얇은 반팔 티셔츠 하나만 걸친 모습은 마치 한여름 같았다. 우린 볕을 마주하고 나란히 앉아 지금은 기억도 나지 않는 사소한 대화를 나누었다.

카리나는 스웨덴에서도 텍스타일과 패션 산업이 발달한 예테보리에서 온 친구였다. 패션과 텍스타일을 접할 기회가 많아서인지 예테보리에서 온 친구들은 하나같이 북유럽 사진집에서 튀어나온 젊은이처럼 컬러풀하게 치장했는데, 그 모습이 참 잘 어울렸다. 주황색 머리에 피부가 하얀 카리나는 많이 꾸미지 않았지만 화사해 보였다. 그녀가 매번 입고 나타나는 빈티지 룩이 예뻐 보이는 건 날씬한 몸이나 화사한 얼굴색 때문이 아니라, 자신에게 잘 어울리는 것을 쑥쑥 잘도 골라내는 그녀의 타고난 감각 때문이라 생각했다. 색 조합이 강하지 않으면서 조화로운 그녀의 작업도 나는 매우 좋아했다.

"필요하다는 이유로 물건을 그냥 사는 건 저와 맞지 않아요.
남은 공간을 채우기 위해 물건을 사들이는 것도 좋아하지 않고요.
집은 그리 넓지 않지만 여전히 빈 공간이 많아요. 그렇다고 일부러 채우고
싶지는 않죠. 고민하다 보면 작은 것도 신중하게 고르게 돼요."

카리나가 직조한 보라색 트라스마타가 깔려 있는 현관.

적은 돈으로 집을 꾸미는 학생의 노하우

스물여섯 살의 카리나 페테르손Carina Petersson은 지금 예테보리
HDK 대학에서 텍스타일 아트를 전공하고 있다. 그리고 예테보리
중앙역 근처의 40㎡(약 12평) 아파트에 혼자 살고 있다. 스웨덴의
대학생은 주로 돈을 아끼려고 친구들과 아파트를 공유하는데,
카리나는 부모가 주택 공급 회사에 조합원으로 등록하고 10년
넘게 기다린 끝에 이 임대 아파트를 분양받았다. 임대 아파트를
분양받았다는 것은 그곳에서 원하는 기간만큼 거주할 수 있는 권리를
얻는 것이며, 거주 기간 동안 월세를 낸다. 카리나는 아르바이트해서
번 돈으로 월세를 충당하고 있다. 부모 덕분에 호사스러운 생활을
누릴 수 있다며 고마워하는 딸이다.

카리나의 집 입구에 들어서면 카펠라고든에서 그녀가 처음 직조한
보라색 트라스마타Trasmatta가 현관 바닥에 깔려 있다. 트라스마타는
헌옷이나 커튼을 잘라 날실(Weft)로 쓰는 업사이클링 텍스타일
제품이자, 그런 문화를 일컫는 말이다. 스웨덴 사람들은 바닥에
깔린 트라스마타를 보면서 "이 부분은 우리 친정엄마 드레스", "이건
남편이 출근할 때 입던 셔츠", "저건 결혼하고 한참 쓰던 커튼"처럼
가족들과의 추억을 되짚어본다. 현관에 트라스마타를 놓은 카리나는
때가 탈까 신경 쓰이지만, 현관과 꽤 잘 어울려 그곳에 놓은 게 잘한
선택인 것 같다고 했다.

한눈에 들어오는 작은 크기의 오래된 아파트는 구석구석 손이 많이
간 흔적이 역력하다. 유난히 비싸 보이는 가구나 장식품은 없지만,
실내에서 느껴지는 분위기는 확실히 특별하다. 주로 직접 만들거나
부모 또는 친구들에게 받았거나, 빈티지 마켓에서 구입한 것들이다.
방 천장에 달린 글라스 펜던트 조명등도 빈티지 마켓에서 아주 싸게

독립하기 전 예뻐서 사둔 빈티지 카우치와 이케아 테이블, 엎어놓고 조명등을 올려둔
빈티지 상자 등 모두 완전히 다른 물건이지만 신기하게 서로 잘 어울린다.
빈티지 소파에 걸쳐놓은 블랭킷은 카펠라고든에서 뜨개질로 만든 그녀의 작품.

마련했다. 학생이기 때문에 아직은 많은 돈을 투자해서 집을 꾸미는
것보다 잘 어울릴 만한 저렴한 것을 고르는 센스를 발휘해야 한다.
세컨드 핸드 숍에서 발견한 가구와 소품은 그녀가 잘 골라 입는
빈티지 룩처럼 집과 잘 어우러진다.
"이 철제 선반은 부모님 집 창고에서 상자를 받치던 거예요. 1970년대
인더스트리얼 스타일이 맘에 들어 가져가겠다고 하니, 아빠는 낡은
선반이 뭐가 좋으냐며 의아해하셨죠. 우린 서로 다른 눈을 지녔을
뿐인데…." 각각 다른 시대에 만들어진 다양한 형태와 색깔의
제품들이 이집에선 원래 제자리였던 듯 조화롭게 자리한다. 손으로
만든 텍스타일과 세라믹 제품도 가득하다. 침대 주위로 천을 두르는
간단한 방법으로 침실 공간을 따로 만든 것도 감각적 아이디어다.
느슨하게 묶은 커튼을 푸니 침대가 훨씬 아늑해진다.
오래전 부모님과 함께 살 때 예뻐서 구입했다는 여성스러운 빈티지
카우치와 목수이던 할아버지가 만든 투박한 의자 두 개, 크고 하얀
이케아 테이블, 조명등을 올려둔 빈티지 상자 등 모두 만든 시기는
제각각 다른 물건이지만 신기하게 서로 잘 어울린다.
"필요하다는 이유로 물건을 그냥 사는 건 저와 맞지 않아요. 남은
공간을 채우기 위해 물건을 사들이는 것도 좋아하지 않고요. 테이블
하나를 고를 때도 그 위에서 텍스타일 작업도 할 수 있고, 친구 여럿이
모일 수 있어야 하며, 내가 가진 다른 물건들과 어울릴지도 고민해요.
우리 집은 그리 넓지 않지만 여전히 빈 공간이 많아요. 그렇다고
일부러 채우고 싶지는 않죠. 작은 것도 신중하게 고르게 돼요."
이렇게 고민과 신중이 쌓여 '딱 카리나스러운 공간'이 완성됐다.
필요한 것만 제자리를 찾아 예쁘게 놓인 단순한 공간. 그녀의 확고한
삶의 방식을 잘 말해준다.

식물을 좋아하는 카리나는 씨앗을 심고 꽃을 얻어 화장품을 만든다.

식물과 함께 사는 집

이 집을 조화롭게 만드는 데에는 곳곳에 생생하게 뻗어 있는
싱그러운 식물도 큰 역할을 하는 것 같다. 작은 집인데도 정말 많은
화분이 선반과 창가 곳곳에 놓여 있다. 하나같이 오래 키운 것들이다.
누군가 밖에 버린 화분을 가져온 것, 친구의 화분에서 조금 뜯어서 온
것, 첫 남자 친구와 10여 년 전 반반씩 갈라서 키운 식물 등 화분마다
다양한 이야기가 숨어 있다. 식물이 많을수록 공간은 더 여유로워
보이는 법. 이 작은 아파트에서도 예외는 아니다.

카리나는 좋아하는 가드닝책 두 권을 내게 소개해주었다. 식물을
위해 매달 무엇을 해야 할지 적어놓은 책, 식물에서 수확한 것을
활용하는 방법을 소개한 책이다. 실제로 그녀는 씨앗을 심고
꽃을 얻어 화장품을 만든다. 얼굴에 수분과 영양을 공급하기 위해
금잔화로 화장품을 만들기도 한다. 꽃은 케이크 위에 얹거나
샐러드에 뿌려서 먹을 수도 있다. 카리나는 피부가 건조하다는 내게
비즈 왁스, 아몬드 오일, 헴프 오일 등 다양한 천연 오일을 섞어서
만든 보디 버터를 선물했다.

많은 화분이 선반과 창가 곳곳에 놓여 있다. 누군가 버린 화분을 가져온 것, 친구의 화분에서 뜯어 온 것, 10여 년 전 첫 남자 친구와 반반씩 갈라서 키운 식물 등 숨은 이야기가 많다. (왼쪽) 피카를 위해 커피를 내리는 카리나. (오른쪽)

카리나의 침실 겸 거실 공간.

스웨덴 대학생의 일상

카리나는 평일에 자전거를 타고 학교에 가고, 방과 후에는 요가
수업을 듣고, 요리를 해서 저녁을 먹고, 도시락을 준비해 다시
학교에 간다. 주말에는 친구를 만나고, 로피스(중고품 숍을 뜻하는
스웨덴어)에서 빈티지 제품을 쇼핑하며, 좋아하는 커피숍에 앉아
수다를 떨고, 가끔 와인도 마시는 평범한 대학생이다. 주말에 학교
가서 작업을 이어가기도 한다. 그래서 집에 있는 경우가 거의 없다.
한 달에 두 번쯤 주말에 노인을 돌보는 일을 하고 시에서 시급을
받는다. "텍스타일과 관계 있는 일을 하는 것이 경험도 쌓고 미래에
도움도 되지 않겠느냐"라는 나의 오지랖 넓은 질문에 늘 "텍스타일에
묶여 사는 시간에서 잠시라도 벗어나는 게 오히려 도움이 된다"라고
대답한다. 늘 크리에이티브해야 한다는 압박에서 조금 자유로워지는
것이다.
정해진 일과에 맞춰 자연 속에서 스트레스 없이 작업에 몰두하던
카펠라고든과 달리, 프로젝트가 이어지는 도시의 대학 생활에서
느끼는 압박이 있다. 그럴 땐 작업 중간에 털실을 뽑는다든지,
손만 쓰면 되는 일명 '멍 때리는 시간'을 가지려고 노력한다.
스웨덴의 대학생은 대부분 생계비를 직접 마련한다. 학생일지라도
부모에게 용돈을 다달이 그냥 받는 경우는 거의 없다. 카리나는 요즘
용돈을 벌기 위해서, 그리고 멍 때리는 시간을 갖기 위해서 지역에
등록된 독거노인의 집을 방문해 그들이 필요한 일을 해결해주는
아르바이트를 하고 있다. 한 달에 이틀 정도 일하고 받는 돈과
정부에서 받는 보조금 정도면 돈 걱정은 안 하고 공부할 수 있다.

"하루 종일 몸을 움직여 일하다 보면 창의적 작업을 해야 하는 데서
느끼는 압박감이 사라져 다시 텍스타일에 집중할 수 있어요.
내가 이 일을 할 수 있는 것에 매우 만족하고 감사하게 생각합니다."
카리나의 작업은 디자인과 예술의 중간쯤에 있다. 그리고 주로
아티스트에게서 영감을 얻는다. 그녀가 카펠라고든에서 접한
니팅Knitting 작업도 그랬다. 암스테르담의 뮤지엄에서 본 빌럼
더코닝Willem de Kooning의 추상화 색감에서 영감을 받고, 그것을
니팅 작업으로 표현했는데 꽤 인상 깊었다.
"졸업하면 회사에 취직하기보다 스튜디오를 열어 내 색깔이 있는
작업을 이어나가고 싶어요. 디자인과 예술 사이에 선 공예가는
매력적이에요. 아마 돈을 버는 것은 당분간 노인을 돌보는 일로
충당하겠죠."
누구나 알아주는 대학을 나오고 알아주는 회사에 취직해서 든든한
미래를 보장받는 것이 사실 그 누구도 위하는 일이 아닌 경우가 많다.
그래도 우리는 여전히 돈을 잘 버는 직업인지, 어떤 것이 사회에서
더 좋다고 평가받는지 등을 생각하는 것에서 벗어나기 어렵다.
그런 이유로, 다른 사람의 잣대에 맞춰 살아가는 것보다 당장은
더디더라도 자신이 원하는 방향으로 천천히 나아가는 것이 결국
자아 실현으로 가는 지름길이 아닐까 생각한다. 카리나는 천천히
가면서도, 직선으로 가고 있다.

카리나는 카펠라고든 졸업 후 또 다른 수공예 학교 한드베르케트 벤네르Handverket Vänner에서 니팅을 심화해서 배웠다.
이제는 아주 얇은 바늘과 실로 뜨개질하는 고수다. 직접 뽑은 털실로 뜨개질하기도 한다.

부모님의 창고에서 가져온 빨간 철제 선반.

LAGOM Life

대학생의 경제권과 자기 삶 결정권

무상교육

스웨덴은 유치원을 제외하고 모든 교육을 만 56세가 되기 전까지 무상으로 지원한다.

학생 지원금

한 달에 3000크로나(43만 원) 정도의 무상 보조금을 받을 수도 있고, 무상 지원금을 포함한 저리의 학생 대출(약 1만 크로나)을 받을 수도 있다. 대출금은 직업을 갖게 되면 평생에 걸쳐 조금씩 갚는다.

아르바이트

부모의 경제 수준은 대학생의 생활에 크게 영향을 미치지 않는다. 이들은 방학이나 학기 중에 틈틈이 아르바이트를 해서 정부 보조금으로 해결되지 않는 지출을 충당한다.

카리나는 "우리 부모님은 좋은 직업을 갖고 돈 걱정 없이 사는 중산층이에요"
라고 거리낌 없이 말한다. 사실 이 말은 스웨덴 친구들과 대화 중에 종종 듣는
다. 이 말에는 자랑하는 뉘앙스라곤 찾아볼 수 없다. 대부분의 스웨덴 사람이
그 '돈 걱정' 크게 안 하는 두꺼운 중산층에 포진해 있기 때문이다. 게다가 그
것은 단순히 부모의 경제 수준을 설명할 뿐이다. 그 중산층 부모의 자식들은
이달 생활비를 벌어야 하는 현실에 처해 있고, 때로는 얇은 지갑에 고민하며,
그렇게 살아남는 법을 스스로 터득한다.

스웨덴 젊은이들은 고등학교를 졸업하면 대부분 독립을 시도한다. 카리나는
친구들보다 약간 이른 열일곱 살에 집에서 나왔다. 갓 독립한 초기에는 다른
친구들처럼 부모에게 종종 도움을 받기도 했다.

스웨덴은 전 국민에게 초등학교부터 대학원까지의 교육을 무상으로 제공한
다. 무상교육뿐 아니라 교육과정과 장애 유무에 따라 정부 보조금을 차등적
으로 지원한다. 카리나 같은 대학생은 월 3000크로나(약 43만 원)가량의 정부
보조금을 받는다. 이 돈은 책을 사거나 생활을 유지하는 데 넉넉한 금액이 아
니다. 그래서 대부분 정부가 낮은 이자율로 지원하는 학생 대출을 받는다. 카
리나도 한 달에 1만여 크로나의 생활비를 요청하고, 그중 정부 보조금을 제외
한 8000크로나를 갚아야 한다. 이 대출금은 부모가 갚아주지 않는다. 졸업 후
직업을 가지면 본인이 수십 년에 걸쳐 천천히 갚아나가면 된다.

정부가 부모의 돈에서 어느 정도 자유로울 수 있도록 독립을 지원해주니 학생
들은 자기 앞가림은 스스로 해나갈 수 있다. 부모의 능력 여하에 따라 교육으
로 인한 큰 격차가 생기지 않도록, 완전한 독립체로 살아갈 수 있도록 정부는
체계적이고 실질적으로 지원하고 있다. 따라서 학생이 독립한 후에는 자신의
삶에 관한 의사 결정은 오롯이 스스로의 몫이 된다. 가족이 대학 입학이나 취
업에 깊이 관여하거나, 결혼을 강요하거나, 결혼을 반대하는 일은 거의 일어
나지 않는다. 자식의 미래에 부모의 꿈을 투영하지 않으며, 삶에 대한 결정권
을 자식 스스로에게 맡긴다. 주체와 객체를 혼동하지 않는 가족 간의 관계가
더 끈끈하고 건강해 보이는 이유다.

the elephant trade

코끼리상사

"윌란드에서 우리의 데이트는 매주 토요일 자전거를 타고 30km 여정의
빈티지 마켓을 돌아보는 거였다. 데이트 횟수가 늘어날수록 마당의
창고는 밀도 높게 채워졌다. 하나하나 마음에 쏙 들어 산 것이니
우선순위를 매길 수도 없는 이 보물들을 작은 목소리로나마 소개하고
판매해볼 생각에 '코끼리상사'를 열었다. 코끼리상사가 판매하는
물건들은 모두 내 개인의 취향이지만, 비슷한 취향을 가진 사람들이
있다는 사실에 큰 기쁨을 얻는다."_신서영

직접 만들어가는 라곰 라이프

조경 디자이너와 교사 커플 / 올라 & 크리스틴

"졸업하고 말뫼로 이사할 생각이라고? 혹시 그곳에 친한 친구가 있는 거야?" 카펠라고든의 점심시간, 같은 테이블에 처음 앉은 올라가 물었다. "응, 몇몇. 예를 들면 너." 그날 대화를 처음 해보는 올라에게 나는 농담 섞어 말했다. 그 말이 씨가 되었는지 우린 정말 친한 친구가 되었다.

올라는 무언가를 만드는 것이 좋다며 다니던 조경 회사에 1년간 휴가를 내고 카펠라고든에 가구 제작을 배우러 왔다. 어떤 일이든 허허 웃어넘길 만큼 감정의 동요가 거의 없는 친구였다. 나와 남편은 말뫼에 온 후에도 도움이 필요하면 올라에게 전보를 쳤고, 그때마다 그는 달려와주었다. 우리는 식사를 하다가도 숟가락 두세 개를 더 얹어 서로를 부르는 사이가 됐다. 고등학교에서 사회과학을 가르치는 그의 여자 친구 크리스틴의 솔직한 매력에 빠진 나는 그들과 만나는 것을 좋아한다. 서늘한 저녁까지 담요를 덮고 정원에 앉아 떠드는 시간, 이 빠진 머그잔을 포개어 담고 근교로 피크닉을 떠나는 시간. 우리는 그 시간을 공유해가고 있다. 보여주는 데 공을 들이기보다 그 시간을 충실히 즐길 줄 아는 이들에게서 라곰 라이프를 만난다.

"현관문을 열고 나가면 바로 정원이 있어 이웃과 항상 마주치죠.
여름이면 대부분 정원에서 시간을 보내지만, 가끔 사람과 마주치는 게
너무 피곤하게 느껴질 땐 조용히 집으로 들어와요."
이웃과의 관계에 무게를 두되 사생활이 죄다 공개되는 걸
조심스러워하는 크리스틴의 말이 매우 스웨덴스럽다.

올라와 크리스틴이 사는 아파트의 현관문은 모두 오픈된 정원으로 향해 있다.
건물을 지을 때 일부러 이웃을 자주 만날 수 있도록 설계한 것이다.

조경 디자이너의 정원은 어떤 모습일까?

올라Ola와 크리스틴Kristin은 말뫼 중심에서 꽤 가까운 동네
사인트크누트St. Knut에 살고 있다. 내가 처음 말뫼로 이사하는 것을
고민할 때 올라는 이웃이 되자며 이 동네를 추천했다. 거리가 예쁘고
조용하면서도 시내와 가까워 말뫼 사람들이 선호하는 주거지역이다.
날씨는 쌀쌀하지만 해가 길어지기 시작하는 봄이 되면 집집마다 정원
테이블에 앉아 담요를 두르고서 차를 즐긴다. 낮은 울타리 너머로
보이는 이들의 피카 시간은 한층 여유로운 느낌이다. 자전거를
타거나 유모차를 끄는 젊은이들과 세발자전거를 타며 노는 동네
아이들이 종종 지나간다.

내가 좋아하는 단골 커피숍을 끼고 돌면 넓은 정원이 있는 2층짜리
아파트가 나온다. 이곳에 올라와 크리스틴이 산다. 이 아파트는
1900년에 지은 건물로 옛날에는 노동자들이 살았다. 서민 아파트라서
집 크기가 대략 15평가량 된다. 대부분의 스웨덴 아파트는 네모난
구조로 지어 중정을 공유하는데, 이 아파트는 일자형으로 지어 빛을
최대한 끌어들였다. 현관을 나서면 바로 공용 정원이 있어 이웃과 더
자주 만날 수 있는 것이 특징이다.

조경 디자이너인 올라는 몇 년 전 이 아파트의 정원을 디자인했다.
그는 편의를 위해 정원 중간에 있던 쓰레기장을 담장 쪽으로 옮기고,
자전거가 눈에 띄지 않도록 자전거 거치대를 건물 앞, 나무 옆
그리고 등나무 밑 등 곳곳에 분산했다. 그러고 보니 정말 정원에는

조경 디자이너 올라가 디자인한 정원. (위) 아이들이 언제든지 와서 노는 모래사장.
이런 곳의 장난감은 주인이 없어 마음껏 놀다가 두고 가면 된다. (아래)

자전거보다 풀과 잔디가 눈에 먼저 들어온다. 정원 한편에 주민이
함께 식물을 키울 수 있도록 텃밭을 만들었고, 가운데엔 커다란
테이블을 두어 그릴에 고기나 생선을 구워 먹거나 차를 마시며 야외
활동을 즐길 수 있도록 했다. 정원 한편 모래사장에는 아이들이
가지고 놀 수 있는 장난감을 비치했다. 아파트 주민 대부분 올라와
비슷한 연령대의 부모들이어서 좀 더 자주 교류한다.
"이곳은 다른 아파트에 비해 이웃과의 관계가 매우 친밀한 편이에요.
현관문을 열고 나가면 바로 정원이 있어 이웃과 항상 마주치죠.
그렇게 매일 인사를 하다 보니 자연스럽게 친해졌어요. 여름이면
대부분 정원에서 시간을 보내지만, 가끔 사람과 마주치는 게 너무
피곤하게 느껴질 땐 조용히 집으로 들어와요."
이웃과의 관계에 무게를 두되 사생활이 죄다 공개되는 것을
조심스러워하는 크리스틴의 말이 매우 스웨덴스럽다.

디자인이 각기 다른 의자들과 올라가 직접 만든 캐비닛이 잘 어울리는 다이닝 룸.

직접 만들어나가는 DIY 라이프

올라와 크리스틴은 대학생 때 이곳으로 각각 이사를 했다. 거실 겸 침실, 방과 주방이 있는 작은 아파트라 대학생이 머물기 딱 좋은 곳이었다. 건물 설계자의 의도대로 이웃끼리 마주칠 일이 많다 보니 덕분에 한 집 건너에 살던 올라와 크리스틴은 연인이 되었다. 아들 욘John을 갖고 나서 큰 집으로 이사할 계획을 세웠는데, 때마침 이들 아파트 사이에 살던 남자가 집을 내놓았다. 크리스틴은 자신이 살던 아파트를 팔고 그 집을 산 다음 거실과 거실 사이의 벽을 텄다. 이들처럼 옆집이나 아랫집, 윗집을 사서 확장하는 것은 스웨덴에서는 종종 있는 일이다.

올라는 지난가을 2주 동안 휴가를 내고 직접 망치로 벽을 부숴 두 집을 하나로 만들었다. 데칼코마니처럼 붙어 있던 집을 트니 두 개의 작은 화장실과 두 개의 주방 그리고 두 개의 거실 겸 침실이 생겼다. 알맞은 공간 계획이 필요했다.

올라는 자신의 아파트에는 거실과 침실을 두어 사적 공간으로 만들고, 크리스틴이 산 아파트에는 현관과 주방, 다이닝 룸을 만들어 조금 더 사교적인 공간으로 꾸몄다. 며칠 만에 올라의 주방은 침실로 변모했다. 큰길에서 약간 떨어져서 조용한 올라의 아파트가 조금 더 아늑한 느낌의 공간으로 바뀌었다. 원래 그가 살던 곳이니 심리적으로도 안정을 느낄 수 있었다.

구조 문제와 주방의 수도, 배관 등 전문가가 필요한 영역을 빼고는 직접 벽을 부수고 페인트칠을 하는 등 대부분의 마감은 올라 혼자서 다 해냈다. 욘이 있어서 일이 더딜 때도 있었지만, 주로 크리스틴이 욘을 보고 올라는 빠르게 공사를 마무리했다.

공간마다 다른 색으로 칠해 저마다 분위기가 다르다. (위)
욘을 낮잠 재우는 크리스틴. (아래)

추억으로 채워가는 집

이들의 집 만들기는 여전히 진행 중이다. 아침에 눈뜨면 문득
거실 벽에 붙박이 선반이 필요하고, 다이닝 룸과 거실 사이에 문도
달아야겠다는 생각을 하는 식이다. 어느 날은 다이닝 룸의 벽 색깔이
달라져 있고, 어느 날은 주방 문에 작은 창이 생기기도 한다.
천천히 계획하고 시간이 날 때마다 직접 만들어가는 공간은 그들이
보내는 시간과 함께 변화하고 있다. 몇 년 후 욘이 좀 더 크면 방을
만들지도 모른다. 반지하 공간을 사서 계단을 만들고 공간을 확장할
계획도 세웠다.
"우리 집 가구는 모두 '랜덤'이에요. 가능하면 느낌이 다른 것으로
채우려 해요. 한 가지 톤보다 다양한 것을 조합하면 공간이 훨씬
재미있어지거든요. 집 안 곳곳의 물건에서 추억을 발견하기를
바라고요. 여행 사진을 걸어두는 것도 추억을 되새기는 일이지만,
가구나 소품처럼 추억이 깃든 물건을 창고에 넣어두지 않고 매일
보고 사용할 수 있다는 것이 좋아요."

올라가 만든 벤치와 빈티지 의자.

올라의 감성이 그대로 드러나는 주방.

안쪽에 위치한 거실은 더욱 아늑하고 사적인 느낌이 든다.

올라는 조그만 가게에서 헐값에 파는 빈티지 이케아 의자를 그냥
지나칠 수 없어 구입했다. 12년 전 이사 올 때 말뫼의 인도 가구
숍에서 산 다이닝 테이블은 거실에 떡하니 자리 잡았다. 작년 가을엔
길 건너 빈티지 가게에 진열되어 있던 수납장을 구입해 낑낑거리면서
집으로 옮겨왔다. 카펠라고든에서 올라가 직접 만든 캐비닛은 집
안에서 가장 잘 보이는 곳에 두었다. 무거워 보이는 고가구부터
심플하고 모던한 가구까지 저마다 표정이 다른 가구들이 올라의
집에서 어깨를 맞대고 어우러져 있다.

집에는 부모님이 물려준 가구도 적절히 섞여 있다. 돌아가신
할머니가 쓰던 서랍장은 거실 가운데에 놓여 있다. 이들은 그
서랍장이 자신들의 취향과는 맞지 않지만, 할머니에 대한 좋은 기억이
스며 있기에 의미가 있다고 생각한다. 크리스틴의 할아버지가 물려준
시계도 이들에게는 추억이고 보물이다. 할아버지는 칼마르에서
오랫동안 시계방을 운영했다.

사람과 공간과 물건이 잘 어우러지는 집, 올라의 집에 들어서면
모든 것에서 의미가 넘실대는 것 같다. 추억과 현재가 공존하는 이
집, 그리고 시간을 소중히 기억하는 그들의 일상이 더욱 가치 있어
보이는 이유다.

털털하고 재미있는 크리스틴과 말수 적고 잘 웃는 올라.

여행의 추억이 담긴 소품들이 집 안 곳곳에 자리하고 있다.

침실 앞 올라의 작은 오피스. (위)
인테리어를 바꾸면서 요즘엔 만들기 어려운 주방의 오리지널 상부장은 그대로 두었다. (아래)

공사는 틈나는 대로 조금씩 진행 중인데, 얼마 전 주방 문을 뚫고 유리창을 달았다. 페인트칠은 마무리하지 못했다. (위)
올라가 카펠라고든에서 만든 캐비닛. (아래)

LAGOM Life

스웨덴 사람들의 육아휴직

480일

스웨덴에선 부모에게 480일의 육아휴직 기간이 주어진다. 부모는 상의하에 이 기간을 적절하게 나누어 사용한다.

90일

스웨덴에서는 육아휴직을 양쪽 부모가 나누어 사용하길 권장한다. 480일 중 90일은 아빠가 의무적으로 사용해야 하며 엄마에게 양도할 수 없다.

80%

육아휴직 기간 중에는 임금의 80%를 지급한다. 직장이 없는 사람도 유급 육아휴직을 받을 권리가 주어진다.

직장인의 육아휴직

올라는 카펠라고든에 왔을 때 1년간 무급 휴가 중이었다. 우리나라에서 그동안 내가 접한 휴가와는 내용과 휴가 일수가 많이 다르다.

스웨덴에서는 정규직 직원이 교육을 받겠다고 휴가를 신청하면 회사는 거부할 수 없다. 업무와 관계없는 교육이더라도 회사는 수용해야 한다. 직장을 잃을 걱정 없이 이런 기회가 생긴다면 얼마나 신선한 계획을 세울 수 있을까.

스웨덴에서 육아휴직은 의무이고, 보장받아야 할 권리다. 부부가 합쳐 480일을 사용할 수 있다. 주말과 휴일을 더하면 약 2년을 휴직할 수 있는 셈인데 그중 90일은 부모 각각 사용해야 한다. 즉 엄마만 480일을 사용할 수는 없다.

지금은 크리스틴이 복직하고 올라가 욘을 돌본다. 크리스틴이 출근하면 올라는 욘에게 아침을 먹이고 놀이터에 데리고 갔다가, 집에서 점심을 먹이고 친구들을 만나거나 욘과 동네를 산책한다. 아빠들이 퇴근 후 집에 와서 몇 시간 설렁설렁 봐주는 것과는 책임 면에서 차원이 다른 육아다. 모든 스웨덴 가정은 이렇게 공동으로 부부가 함께 육아를 한다.

일하지 않는 사람은 먹지도 말라

스웨덴에서는 노인이나 장애인 등 사회적 약자를 제외하고는 일하지 않는 사람을 바라보는 눈길이 곱지 않다. 스웨덴에 주부라는 직업은 없다. 월급을 받으며 육아휴직을 쓸 수 있는 스웨덴의 복지 정책이 자칫 우리나라 엄마 입장에선 복지 천국으로 비칠 수도 있다. 하지만 스웨덴의 복지 시스템은 일하는 부모를 위한 것이지, 일하지 않는 여성을 위한 것은 결코 아니다. 육아휴직은 여성의 일할 권리를 보장할 뿐 아니라 일해야 하는 의무가 있음을 내포한다.

아직도 우리나라는 일할 능력이 있는 많은 여성이 임신을 하면 사회적으로 너무나 자연스럽게 도태된다. 여성이 사회생활을 이어가려면 대부분 여성이나 부모의 육체적 희생이 남성보다 더 큰 것도 사실이다.

스웨덴 사람들은 육아는 '남자가 돕는 것'이 아니라 '부부가 동등하게 나눠야 한다'는 것을, 동시에 여자도 반드시 경제활동을 해야 한다는 것을 당연시한다. 그렇게 의무와 책임을 공평하게 적용하니 육아에서 비롯되는 형평성 문제가 해결된다.

스웨덴에서 젊은이들이 아이를 많이 낳도록 장려하는 자연스러운 사회 분위기는 그 바탕이 있기에 가능한 일이다. 육아휴직과 무상교육처럼 오롯이 자기한 몸만 건사하면 되도록 지원해주는 정부 시스템이 바로 그 바탕이다.

오늘에 만족하는 삶

목수와 디자이너 커플 / 크리스토페르 & 뤼케

말뫼로 이사 오기 몇 달 전, 공방을 찾던 남편에게 카펠라고든의 선생님이 연락처를 하나 건네주었다. 오래전 카펠라고든을 졸업한 크리스토페르의 공방 연락처였다. 우리의 인연은 이렇게 시작되었다.

그의 공방은 겉은 흔한 창고처럼 보였지만 안으로 들어서니 반전이 있었다. 빛을 받은 나무 먼지들이 자아내는 부옇고 아득한 분위기에 우린 몽롱하게 취해버렸고, 결국 그 공방을 함께 사용하게 되었다. 크리스토페르는 몇 년에 걸쳐 직접 꾸민 이 공방에서 플라잉 낚싯대를 만들고, 고가구를 수리하는 일도 했다. 지금 크리스토페르는 잠시 코펜하겐의 덴마크 왕실 가구 공방으로 출근하고 있다. 덕분에 그 공방을 당분간 남편 혼자 사용할 수 있게 됐다.

"우리에게 가장 중요한 건 '지금'을 이루는 모든 것이 물리적,
심리적으로 부드럽고 자연스럽게 넘어가는 거예요. 한 예로 유모차가
집 안으로 들어올 때 문턱에 걸리지 않으면 촌각을 다투는 아침 시간이
유연하게 흘러가죠. 어려움 없이 오늘의 일상이 흘러가는 것,
우린 그걸로 충분히 행복합니다."

정원을 향해 열리는 현관문 앞에는 언제나 큰딸 리케의 흙 묻은 장화가 놓여 있다.

이들은 말뫼 북동쪽, 시르세베리Kirseberg 마을에 살고 있다.
오래전 노동자와 빈민층이 모여 살던 곳인데, 최근에 젊은 예술가와
디자이너들이 둥지를 틀면서 흥미로운 지역으로 변하고 있다.
크리스토페르 엘리아손Christofer Eliasson과 뤼케 본 샨츠스Lycke
von Schantz는 백 살은 넘은 집들이 모인 이 동네 골목에 반해 3년 전
이곳으로 이사했다. 이사 오기 전 이들은 석 달 동안 집을 수리해야
했다. 그동안 낡은 집을 저렴하게 구입해 취향대로 개조한 몇 번의
경험이 용기를 북돋워주었다. 벽을 허물거나 바닥을 다지는 등 큰
공사만 마치고 이사해 필요한 곳을 수리해가며 살고 있다.
1857년에 지은 이 집은 당시 스웨덴 집들이 그러하듯 층고가 2.2m로
매우 낮다. 더구나 키가 큰 크리스토페르가 서 있으면 천장이 더 낮아
보인다. 집도 2층을 포함해 대략 90㎡(약 27평) 크기로 아담하다.
등기부등본을 떼어보니 100년 전에는 무려 21명이나 산 적도 있었다.
당시엔 작은 공간에 방이 다섯 개 있었고 각 방마다 굴뚝이 있었다.
가난한 4~5세대가 이 집에 함께 살았을 것이라고 추측한다. 이들
부부가 집을 구입할 당시 1층에는 방이 세 개 있었는데, 벽 두 개를
부수고 긴 거실로 만들었다. 모서리가 반듯하지 않아 수리하는 데
애먹기도 했지만, 시간을 두고 집 공간을 하나씩 하나씩 완성해가는
중이다.

스웨덴에서는 끝자리가 5와 0인 생일은 좀 더 특별하게 축하하는 관습이 있다. 뤼케의
스물다섯 번째 생일에는 크리스토페르가 직접 만든 화장대를 선물해주었다. (위)
마르셀 반데르스의 아이디어를 인턴 뤼케가 스케치로 구체화한 스파클링 체어. (아래)

9년 전 그녀가 뤼케였을까?

크리스토페르의 집에 놓인 물건은 소품 하나까지 허투루 들인 게
없어 보인다. 그 물건에 숨은 이야기를 끄집어낼 줄 아는 이들이다.
크리스토페르의 여자 친구(둘은 결혼하지 않은 커플이다) 뤼케는
이케아의 디자이너 출신으로 지금은 혼자 스튜디오를 운영한다.
처음 집에 초대받았을 때 디자이너 마르셀 반데르스Marcel
Wanders의 스파클링Sparkling 체어가 눈에 띄었다. 페트병 소재에
공기를 불어넣어 만든 덕에 무게가 1kg 정도밖에 되지 않는 의자다.
2009년 밀라노 국제 가구 박람회에서 눈여겨본 그 의자를
이 집에서 만나다니!
뤼케는 원래 마르셀 반데르스의 어시스턴트로 일했다. 마르셀
반데르스의 머릿속에 있는 의자를 뤼케가 스케치로 구현했는데,
그게 마르셀 반데르스의 마음에 들어 이 의자가 탄생했다. 보통
첫 스케치와 완제품은 많이 다른데, 이 의자는 뤼케의 첫 스케치가
그대로 남아 있다. 9년 전 밀라노에서 그 의자를 설명하던 그녀가
뤼케였을 수도 있다.

크리스토페르가 덴마크의 PP 뫼블레르에 근무할 때 직접 만들어서 소유하게 된 한스 베그네르의 원형 테이블과 의자.
PP 뫼블레르에서는 장인들이 덴마크 디자이너 한스 베그네르의 가구를 생산해 판매한다.

뤼케는 마르셀 반데르스의 스튜디오에서 일한 것을 기념하기 위해 노티드 체어를 샀다. 여름에는 시원하게 사용하다가 겨울에는 털가죽을 얹고 앉는다. (위) 가구에 색을 칠하고 직접 꾸민 주방. 천장이 낮은 집인데도 주방 상부장이 없으니 공간이 넓어 보인다. (아래)

한스 베그네르와 마르셀 반데르스의 가구가 함께 사는 집

침실에는 마르셀 반데르스를 유명하게 만든 노티드 체어Knotted Chair가 놓여 있다. 매듭을 만들고 레진에 담가 형태를 잡은 의자로 여름엔 시원하게, 겨울엔 퍼를 걸쳐 따뜻하게 사용할 수 있다.
한스 베그네르Hans Wegner의 가구를 만드는 PP 뫼블레르 PP Møbler에서 가구 제작자로 일한 크리스토페르는 좋아하는 의자를 틈틈이 모았다. 거실의 원탁과 의자 모두 한스 베그네르가 디자인한 것이다. 매장에서 고가에 팔아 선뜻 구매하기 어려운 제품들로, 그가 PP 뫼블레르에서 일하는 동안 하나씩 만들어서 집으로 들였다.
원래 하이글로시 도장으로 마감된 주방 가구들은 크리스토페르가 모두 녹색으로 칠했다. 톤을 낮추니 창밖으로 보이는 정원과 실내의 원목 가구가 잘 어우러진다. 이런 센스가 모여 이 삐뚤빼뚤한 집을 정감 있게 만들어주는 것이다.
뤼케는 현대적인 디자인 작업을 많이 한다. 크리스토페르는 한스 베그네르처럼 클래식한 디자인을 만들어왔다. 피카를 즐기기 위해 꺼낸 마르셀 반데르스의 플레이트가 한스 베그네르의 테이블 위에 오른 모습은 크리스토페르와 뤼케 그리고 스웨덴 사람들의 어제와 오늘을 그대로 보여준다.

기울어진 양쪽 천장에 벽을 세우고 목수 아빠가 직접 만든
아이들 놀이 침대를 두었다.

아빠의 선물 같은 집

의미나 마음을 담아 만든 물건을 누군가에게 선물한다는 것, 그
가치는 무엇으로도 환산하기 어렵다. 크리스토페르는 아이들을 위한
놀이 침대를 직접 만들었다. 그가 만든 계단을 따라 2층으로 오르면
네 식구의 침실이자, 아이들 눈높이에 딱 맞는 공간이 펼쳐진다.
다락방같이 좁아지는 천장 아래 아빠가 손수 만든 이 동화 같은
공간은 아이들에게 평생 행복한 기억으로 남을 것이다.
뤼케는 그녀의 스물다섯 살 생일에 크리스토페르가 만들어 선물한
화장대를 "과분하게 럭셔리한 선물"로 기억한다. 아이들이 생긴
이후엔 화장대 앞에 앉을 일이 별로 없지만, 10년이 지나도 그녀에게
여전히 큰 의미가 있는 물건이다.

일도 육아도 흐르는 강물처럼

뤼케는 얼마 전 둘째 야크Jack를 낳고 몇 달간 육아휴직을 한 후
본업으로 돌아갔다. 둘째를 안고 업무 미팅을 하는 것처럼 일과
육아를 병행하고 있다. 하지만 그 안에서 질서와 여유가 느껴진다.
크리스토페르는 매일 아침 7시, 코펜하겐 왕실 가구 공방으로
출근한다. 뤼케는 리케Rikke(첫째 딸아이 이름이다. R와 L의 구분이
없는 우리나라 발음으로는 엄마와 딸의 이름이 다르지 않다)에게
밥을 먹이고 아이가 맘에 들어 하는 옷을 입혀 유치원에 보내는
작은 전쟁을 치른다. 리케를 유치원에 데려다주고 오는 길은 야크와
뤼케가 산책하는 시간이다. 공원으로 골목으로 돌다 집에 돌아온다.
뤼케는 엄마를 조금씩 더 찾는 야크 때문에 어시스턴트를 구했다.
평소에는 아이를 돌보며 재택근무를 하지만, 일주일에 두세 번은
사무실에서 어시스턴트와 함께 일한다.

욕실에는 크리스토페르가 직접 만든 넉넉한 수납장을 두었다. (위) 동생이 생긴 후 어리광이 줄어든 리케는
종종 방에서 태블릿 PC를 보며 혼자만의 시간을 보낸다. (아래)

하나하나 이야기가 담긴 소품들. (위)
2층으로 올라가는 나무 계단은 크리스토페르가 직접 만들었다. (아래)

아빠를 쏙 빼닮은 야크를 안은 뤼케와 그녀가 차린 피카 테이블. (위)
정원이 있는 즐거움이란 바로 이런 것! 아직 당도가 오르지 않은 포도를 사탕이라며 먹는 리케. (아래)

육아와 일로 누구보다 빡빡한 하루일 텐데도 뤼케는 엄마들 모임에
가고, 친구와 피카 약속을 잡기도 한다. 일과 육아를 여유롭게,
지혜롭게 병행하는 비결은 무엇일까?
"자영업을 하다 보면 육아와 일상 그리고 업무를 철저하게 분리해
진행한다는 것은 사실 불가능해요. 하지만 그것이 오히려 장점이
되기도 합니다. 한곳에서 아이를 돌보며 일할 수 있는 것은 지금
상황이라 가능한 거죠."
뤼케는 얼마 전 자전거에 매달 수 있는 유모차를 디자인하고 큰돈을
투자받았다. 현재는 그 생산을 준비하는 중이다. 두 아이를 키우면서
프리랜서로 일하는 것이 얼마든지 가능하다는 이야기다.
"우리에게 가장 중요한 건 '지금'을 이루는 모든 것이 물리적, 시간적,
심리적으로 자연스럽게 넘어가는 거예요. 한 예로 유모차가 집
안으로 들어올 때 문턱에 걸리지 않으면 촌각을 다투는 아침 시간에
출근 준비와 아이 유치원 보내는 일이 훨씬 유연하게 이뤄지죠. 이런
작은 것 하나가 어긋나면 하루가 꼬이게 마련이에요. 집 근처에
슈퍼와 공원이 있어요. 정말 사소하지만 필요한 것이 가까이에 있어
아주 편리해요. 저녁에는 아이들을 재우고 두 시간 남짓 남편과
둘이서 보내는 시간이 하루의 완성이에요. 어려움 없이 부드럽게
오늘의 일상이 흘러가는 것, 우린 그것으로 충분히 행복합니다."
오늘을 행복하게 만들지 못하면서 내일의 행복을 꿈꾸는 건 미련한
일임을 이들의 일상에서 배운다.

3월에 집을 계약하고 처음 여름을 맞았을 때 정원에 가득한 나무와 꽃은 깜짝 선물이었다. 장미, 허브, 사과, 복숭아, 라즈베리, 아스파라거스, 파프리카 등 셀 수 없을 만큼 다양한 식물과 꽃 그리고 나무로 가득 차 있다.

이 집에서 보내는 여름과 겨울은 아주 다르다. 여름엔 일상을 모두 정원으로 옮기고 잠만 집에 들어가서 잔다.
정원에서 딴 과일로 즙을 낸 새콤한 주스는 그야말로 별미다.

LAGOM Life

스웨덴의 동물복지법

산책

하루에 최소 두 번 산책을 해야 하며, 사회적 욕구도 충족시켜야 한다.

장소

특별한 경우를 제외하고는 철창에 가 두어서는 안 된다.

보건과 치료

반려견과 그 반려견이 생활하는 환경 은 필히 청결해야 하고, 반려견이 아플 경우 충분히 치료를 받도록 법으로 정 해놓았다.

반려견 로파

로파Loppa는 처음 크리스토페르의 공방에 들른 우리를 향해 꼬리를 세게 흔들며 반겼다. "로파, 소파에 가서 앉아 있어." 크리스토페르가 로파를 슬며시 제지하자 로파는 공방 설명이 끝날 때까지 소파에 앉아 기다렸다.

로파는 비즐라Vizslas라는 종의 헝가리안 사냥개로, 7년 전 이 집의 식구가 됐다. 당시 비즐라종을 찾던 크리스토페르는 예테보리에 비즐라가 있다는 광고를 보고 몇 시간을 달려 로파를 데리러 갔다. 일곱 남매 중 가장 작고 꼬리가 휘고 못생긴 로파만 입양되지 않고 있었다. 하지만 그날은 크리스토페르 가족에게 행운의 날이었다고 한다.

로파는 목줄을 따로 하지 않아도 걷거나 유모차를 끌 때, 또 자전거를 탈 때 사람의 속도에 맞춘다. 그런 식구다. "이 동네에서 5년 정도 살았지만 로파가 집에 온 후 동네와 동네 주민을 더 많이 알게 되었죠. 강아지 이름은 거의 알지만 그 주인 이름은 잘 몰라요. 하하."

크리스토페르는 하루 세 번 아침, 점심, 저녁에 로파와 산책한다. 스웨덴 동물복지법에 따라 하루 두 번 반려견을 산책시키는 것은 의무이기도 하지만, 덕분에 가족의 규칙적인 일과가 되었다. 집 근처 공원에서 로파는 매일 친구들을 만난다. 강아지의 소셜 라이프가 이루어지는 곳이다. 덕분에 산책시키러 나온 주인들과 얘기를 나누며 동네 소식도 접한다.

스웨덴의 동물복지

스웨덴은 세계에서 가장 강력한 동물복지법이 있는 나라에 속한다. 반려동물뿐 아니라 사육하는 가축의 복지에서도 그렇다.

스웨덴의 동물복지법은 말 그대로 반려동물을 잘 대우하고 보호받을 수 있도록 보장하는 법이다. 이 법은 동물이 질병에 걸리지 않고 고통을 받지 않도록 하는 것이 목적이다. 늘 넉넉한 음식과 물을 제공할 것, 충분한 공간과 보살핌을 제공할 것도 필요 조건이다. 거기에 동물이 자연 행동을 할 수 있는 환경에서 시간을 보내도록 하는 것도 추가된다.

또 의학적으로 필요한 경우를 제외하고는 수술이나 주사 처치를 하지 않아야 하고, 도축 시에는 불필요한 불편함과 고통을 덜어주어야 하며, 피를 흘리기 전에 기절시켜야 한다는 등 동물 복지뿐 아니라 도축에 대한 법령도 아주 까다롭다. 이런 규칙은 당연한 얘기 같지만 현실은 그렇지 못하다는 사실을 누구나 안다. 이제 "반려동물을 존중하고 보호할 줄 아는 사람만이 키울 자격이 있다"는 말은 상식을 넘어 엄격한 수준의 법규가 되어야 한다.

studio kunsik

최근식의 가구

"내 디자인은 일상의 단서에서 시작한다. '무토 탤런트 어워드'를 수상한
'미러드 미러'는 아내가 외출 전 앞과 옆, 뒷모습까지 볼 수 있는 거울이 있으면
좋겠다고 한 말에서 아이디어를 얻었다. 소파 테이블 '보이다Boida'는 부모가
테이블에서 일할 때 늘 떨어져 있어야 하는 아이가 부모와 함께 이용할 수 있는
디자인이다. 또 벽에 걸어 사용하는 캐비닛 '패싯Facet'은 물건을 담는 상자이자
문을 열면 책상이나 화장대로 활용할 수 있는 가구다." _최근식

가장 멋진 날은 오늘

디자이너와 영상 아티스트 커플 / 옌뉘 & 안드레아스

2014년 2월 스톡홀름 퍼니처 페어 기간에 나는 전시장 한편에서 바쁘게 돌아가는 짧은 영상들을 반복해 보고 있었다. 영상 속 여자는 색깔이 다른 석고 반죽 두 뭉치를 턱턱 붙이더니 그 위에 초를 꽉 꽂았다. 단 3초 만에 촛대가 완성되었다! 이어지는 영상에서는 그녀가 얇은 천을 무심한 듯 툭툭 접어서 염료를 푼 물속에 담갔다 꺼내니 5초 만에 홀치기염색 천이 만들어졌다. 이렇듯 짧게 이어지는 각각의 화면 속에서 그녀는 테이블, 거울 등 다양한 사물을 눈 깜짝할 새 만들어내는 퍼포먼스를 펼치고 있었다. 이 영상의 제목은 만드는 데 3~5초, 3~5분가량 걸린다는 의미에서 〈3 to 5 seconds / 3 to 5 minutes〉였다. 이 흥미로운 영상 속 디자이너가 사뭇 궁금했다. 나는 영상이 서너 번 반복될 때까지 넋 놓고 보다가 명함을 한 장 챙겨서 돌아왔다. 몇 년 후 말뫼로 이사 와서 만난 그 영상 속 디자이너가 바로 옌뉘다. 한 디자인 세미나에서 같은 테이블에 앉은 우리는 〈3 to 5 seconds / 3 to 5 minutes〉에 대해 흥미진진한 대화를 나누었다.

"심취해서 사는 삶을 누리고 싶다." 옌뉘는 이 말을 무척 마음에 들어 한다.
자신에게 좋은 무언가를 택하고, 그 무언가를 위해 아주 열심히 사는 삶,
그리고 풍부한 경험, 풍부한 감정, 풍부한 즐거움…. 지금 이 순간
가장 만족스러운 것이 이어지면 결국 만족스러운 삶이 될 거라 생각한다.

옌뉘와 안드레아스의 작품, 물려받은 빈티지 가구가 놓인 거실.

옌뉘 노르드베리Jenny Nordberg와 안드레아스 쿠르트손
Andreas Kurtsson은 5년 전 말뫼 중심가에서 그리 멀지 않은
달라플란Dalaplan 지역으로 이사했다. 딸 헤더Heather가 태어났기
때문이다. 당시 아주 작은 아파트에 머물던 이들은 아기가 태어나기
전에 좀 더 큰 집으로 이사를 해야 했는데, 돈이 없던 시절이라 통장
사정에 맞춰 고른 곳이 이 집이다. 100㎡(약 30평)의 큰 규모에 비해
매우 싼 아파트였다. 5년간 이 아파트에서 꾸려온 이들의 삶은 충분히
자유롭고 예술적인 동시에 현실적이었다. 편리한 주변 시설과 활발한
동네 분위기 때문일까, 달라플란은 5년 전보다 집값이 많이 올랐다.
입구에서 본 아파트는 벽돌 벽에 나무 문을 갖춘 전형적인 스웨덴
건물이다. 1930년대에 지은 이곳은 근래에 설치했을 것으로 보이는
파란색 엘리베이터와 어우러지는 색감 대비가 흥미를 불러일으킨다.
옌뉘는 30평 남짓한 이 아파트의 방 하나를 오피스로 꾸몄고,
아파트의 지하 공간을 빌려 작업실로 사용한다. 그 지하 공간에서
모든 작업이 이루어지는데, 영상 아티스트이자 뮤지션인 남자 친구
안드레아스가 만든 〈3 to 5 seconds / 3 to 5 minutes〉 영상으로
그녀의 작업이 널리 알려졌다. 이들은 이제 네 살 반이 된 딸아이와
함께 말뫼의 아파트에서 작업과 긴밀히 연결된 일상에 몰두하면서
살아가고 있다.

1930년대 지은 이 아파트 건물은 벽돌 벽과 나무 문이라는 전형적인 스웨덴 스타일을 보여준다.
근래에 설치한 엘리베이터와의 색감 대비가 매우 아름답다.

5년 전 옌뉘가 이 집을 구입할 당시만 해도 규모에 비해 매우 싼 아파트였는데, 최근 집값이 많이 올랐다.

앤티크 숍에서 발견한 무명 여류 작가 코니의 화려한 작품이 집 안 한가운데 걸려 있다.
테이블 위에는 스톡홀름에서 영상으로 본, 반죽을 턱턱 붙이고 초를 팍 꽂아 만든
촛대 '⟨3 to 5 sec⟩ 프로젝트'가 놓여 있다.

예술 작품과 함께 사는 집

"집에 있는 오브제와 디자인 제품은 대부분 제가 골랐어요. 그러고
보니 제 취향이 녹아든 공간이네요. 따지고 보면 그다지 민주적이고
공평하게 꾸민 집은 아니에요. 하하." 옌뉘는 웃으며 말했지만, 가장
눈에 잘 띄는 곳에 안드레아스의 작품을 걸었다.
다른 한쪽 벽면에는 6년 전 구입했다는 컬러풀한 작품이 걸려 있는데,
이 작품에는 슬픈 이야기가 숨어 있다. 코니라는 무명 여류 작가의
작품으로, 그녀는 평생 아티스트가 되기를 꿈꾸며 아트 스쿨에
수없이 지원했으나, 단 한 번도 입학 허가를 받지 못했다. 코니는 일생
동안 수없이 많은 작업을 했는데, 작품 모두 각각 다른 느낌이다.
아크릴, 오일 페인팅 등 서로 다른 재료로 다양하게 표현한 그녀의
작품은 마치 각각 다른 사람이 작업한 것처럼 달라 보인다. 그녀가
죽은 후 한 앤티크 숍에서 코니의 작품을 전부 사들였고, 그곳에서
옌뉘와 안드레아스가 이 그림을 발견했다. 이런 광기 어린 작업에
흥미를 느낀 두 사람은 골동품상에게서 비하인드 스토리까지 듣고,
그렇게 저물어간 코니의 예술을 향한 열망과 운명이 안타까워 이
작품을 구입하기로 결심했다.
이렇듯 이들은 작품을 구입할 때 거의 감정에 따른다. 작품이 마음에
들면 이야기를 듣게 되고, 그 스토리까지 마음에 들면 구입하는
경우가 많다. 그 작품이 미래에 어떤 가치가 있을지 계산하고
구입하는 일은 없다.

톤이 다른 예술 작품을 곳곳에 두었지만 전체적으로 정돈된 느낌이 든다.

"작품을 구입하는 데 군이 하나의 잣대를 더 말하자면 여성 작가의
작품을 좀 더 선호한다는 거예요. 왜냐하면 저도 이 분야에서
일하지만, 여성 작가로서 겪는 어려움이 더 크다는 것을 잘 알기
때문이지요. 그런 면에서 여성 작가를 조금은 응원하고 싶은 마음이
있습니다."

엔뉘는 대부분 물물교환으로 예술 작품을 소유한다. 서로 마음에 드는
작품을 교환할 수 있다는 점을 매우 좋아한다.

"저는 아직 비싼 예술 작품을 살 만한 능력이 없어요. 그래서 작품을
서로 교환하죠. 이것이야말로 이 분야에 있으면서 제가 누리는 가장
럭셔리한 일이에요."

엔뉘와 안드레아스는 한때 포슬린 작품을 수집하곤 했다.
플리마켓에서 산 작품은 뭔지 모르면서도 특이하고 흥미로워서
구입한 경우가 많다.

그중 돈을 많이 쓰는 것은 컨템퍼러리 디자인 오브제다. 그녀와
같은 분야에서 작업하는 사람들의 작품을 꽤 많이 모았다. 예를
들면 퍼니처 페어 기간 중 덴마크 도예 작가에게서 주전자를 사기도
했고, 그라피티 아티스트와 협업해 만든 도예 작품도 구입했다. 표면
브러시나 유약 칠 등에서 그들의 개성이 묻어나는 작품이 마음에
들었기 때문이다. 더욱이 멋진 스토리까지 담겨 있다면 기꺼이
구입하려는 게 그녀의 생각이다. 페어 기간에 열리는 꽤 유명한
디자인 경매(외레스베리스옥후넨Öresbergsauktionen)가 있는데,
그곳에서 그녀가 가장 좋아하는 작가의 큰 자수 작품을 사기도 했다.

이 집의 주방 캐비닛은 상부장과 하부장 색이 다르다. 한 가지 색으로 이뤄진 단조로운 주방을 보고 싶지 않다는 게
이유였다. 어느 공간에서든 엔뉘의 캐릭터가 분명하게 드러나는 집이다.

엔뉘는 할머니, 할아버지가 물려주신 식탁을 3등분해서 양 끝을 흰색과 검은색으로 칠했다.
처음 그것을 보신 할머니, 할아버지는 "우리 식탁에 무슨 짓을 한 거냐"며 깜짝 놀라셨다.

안드레아스는 헤더에게 소시지 먹는 모습을 그려주었는데, 헤더가 무척 마음에 들어 해서 가장 잘 보이는 곳에 걸어놓았다. 그 옆은 엔뉘의 거울 작품 〈3 to 5 sec〉(위). CD를 확대해 표현한 작품은 안드레아스가 만든 것이다. (아래)

행동하는 예술가

"산업디자인을 전공하면서 친구들은 대량생산에 집중했는데, 저는 그런 방식이 저와 맞지 않는다는 걸 알았어요. 저는 언제나 소량 생산하는 수공예를 동경해왔지요. 하지만 이 둘 어디에도 제가 속해 있지 않다는 사실도 알았죠. 그래서 이 둘을 제 나름의 방식으로 조합해보고 싶었어요." 엔뉘는 대량생산의 속도를 유지하면서도 수공예만의 독특한 결과물을 얻을 수 있는 방법을 연구했다. "〈3 to 5 seconds / 3 to 5 minutes〉 프로젝트를 할 때 수공예 작업을 하는 많은 사람이 언짢아했어요." 수공예적 관점에서 보자면 언짢을 수도 있지만 그녀의 작업은 아주 신선하다. 만드는 과정은 빨라 보이지만, 재료를 연구하고 방법을 고안하는 과정에 수공 장인만큼이나 많은 시간을 들인다. 그녀의 작업은 공예 작업도, 공장에서 찍어낸 대량생산도 아닌 새로운 방식이다. 그녀는 새로운 분야를 발굴한 개척자이자 크리에이터인 셈이다.

"말뫼에서는 아무 일도 일어나지 않아요. 그래서 가만히 있을 수가 없었어요. 무슨 일이든 벌여야겠다고 생각했지요." 에너지 넘치는 엔뉘는 다부진 몸을 움직여 말뫼에 디자인 운동을 진행했다. 예를 들면 생산자와 디자이너를 연결하는 프로젝트 '덴 뉘아 카르타Den Nya Karta(the new map)'가 그러하다. 인건비와 땅값, 임대료 등이 비싸 생산력이 거의 남지 않은 스톡홀름에 비해 스웨덴 남쪽에는 여전히 많은 생산자가 남아 있다. 그 생산자들을 북돋우고, 말뫼의 디자이너들이 커뮤니티를 형성하게 만들어 어떤 일을 벌이도록 도와준다. 이렇듯 말과 함께 행동하는 엔뉘 딕분에 생산처는 활성화되고 디자이너도 생산 기회를 더 많이 갖게 되었다.

"사람들은 어떤 일이 일어나길 기대하지만, 모두 앉아서 기다리기만 한다면 결과적으로 말뫼에서는 어떤 일도 일어나지 않아요. 모든 것은 준비되어 있으니 와서 하면 된다는 것을 보여주고 싶어요."

차분한 톤으로 정돈된 주방.

심취해서 살고 싶다

"심취해서 사는 삶을 누리고 싶다." 친구가 했다는 이 말을 엔뉘는
무척 마음에 들어 한다. 자신에게 좋은 무언가를 택하고, 그 무언가를
위해 아주 열심히 사는 삶, 그녀가 원하는 삶이다. 풍부한 경험,
풍부한 감정, 풍부한 즐거움…. 지금 이 순간 가장 만족스러운 것이
이어지면 결국 만족스러운 삶이 될 거라 생각한다.
그녀는 멋진 자동차에 관심이 없다. 보여주기 위한 것, 멋져 보이기
위한 것에는 크게 돈을 쓰지 않는다. 늘 그렇듯 기본에 충실한 것에
더 매력을 느낀다. 맛있는 음식이나 좋은 와인 같은 것에 조금 더 공을
들이며 산다.
대부분의 사람이 월요일을 싫어하지만, 좋아하는 일을 하는 그녀에게
일주일 중 월요일은 가장 행복한 날이다.
"말하자면 저는 작은 것에서 즐거움을 찾고 쉽게 행복해하는
사람이에요. 물론 미래의 꿈이 있지만, 항상 오늘이 가장 멋진
날이기를 바라요."
그녀처럼 오늘에 심취해 사는 삶, 정말 부러운 삶이 아닐 수 없다.

아이 눈높이에서 좋아하는 것들로 꾸민 혜더의 방. (위)
좋아하는 세라믹 작가의 작품과 엠뉘가 디자인한 소파 테이블. (아래)

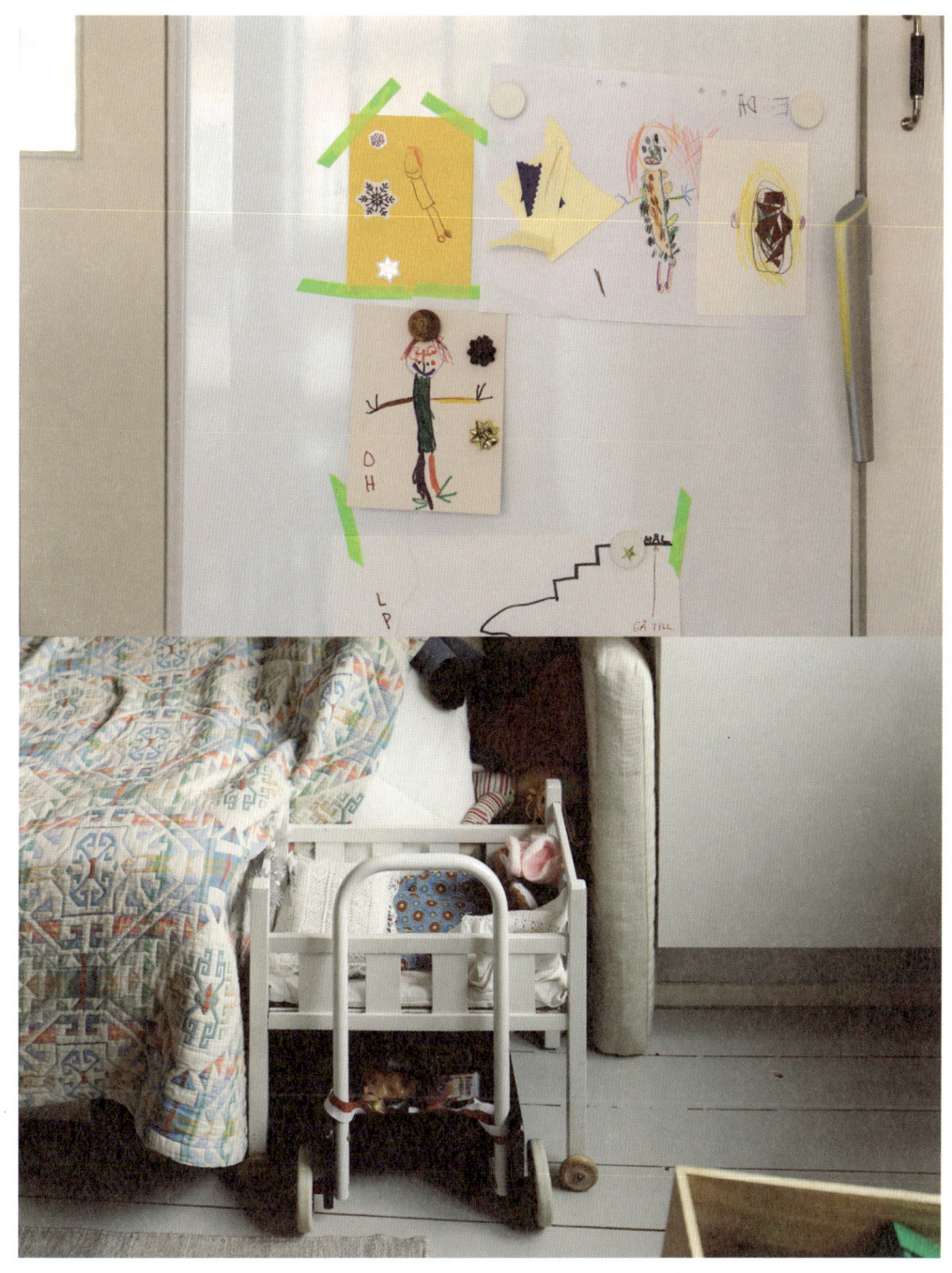

냉장고에는 헤더의 그림이 붙어 있다. (위)
헤더의 방은 예술 작품이 많은 엄마, 아빠의 공간과는 분위기가 조금 다르다. 색감이 귀여운 헤더의 방. (아래)

LAGOM Life

스웨덴 디자이너의 어린이 교육

야외에서 놀기

스웨덴 유치원에서는 어린이들이 대부분의 시간을 야외에서 보낼 수 있도록 한다. 가장 추운 날을 제외하고는 낮잠도 식사도 밖에서 이루어진다. 그중에서도 자연과 가깝게 온종일 밖에서 보낼 수 있는 야외 유치원은 인기가 높다.

젠더 교육

스웨덴에서 행하는 교육의 목표는 자녀의 성별에 관계없이 평생 똑같은 기회를 주는 것이다. 성 역할에 대한 고정관념을 배제하고 아이들의 기대와 요구로부터 자유롭게 해주는 것이 목표다.

유치원 교육비

유치원 교육비는 소득에 따라 차등 계산되는데, 가장 소득이 높은 부모가 내는 돈이 1382크로나(약 19만 원)밖에 되지 않는다. 그래서 80% 이상 높은 비율의 아이들이 유치원 교육을 받는다.

엔뉘의 냉장고 문에는 딸아이와 함께 그린 종이가 한 장 붙어 있다. "계단을 그렸어요. 헤더가 착한 일을 하거나 우리를 돕거나 하면 냉장고 자석을 한 계단 올려놓아요. 그리고 자석이 계단 끝에 다다르면 아이가 원하는 것을 한 가지 들어줘요. 지금은 아이가 어려서 이런 식으로 보상을 하지만, 앞으로는 필요한 게 있으면 스스로 노력해서 얻어야 한다는 것을 가르칠 거예요. 아이가 원하는 것을 다 해주면 안 된다는 사실을 알거든요. 우리 딸이 스물다섯 살이 되어서도 우리에게 손을 빌리는 상황을 원치 않아요."

스웨덴에서는 아이가 필요한 것을 이유 없이 주지 않는다. 그리고 보상은 노력에 연결된 것일 뿐 성과 수준과는 크게 관계가 없다. 가령 "90점 이상을 받으면 원하는 것을 사줄게"라는 결과 위주의 보상과는 근본적으로 다르다.

엔뉘 역시 열세 살부터 일을 했다. 물론 그녀의 부모는 돈이 부족하지 않는 중산층이다. 그녀는 입고 싶은 옷이나 물건이 있으면 일을 해서 샀다. 아주 어릴 때는 한 바구니에 1크로나를 받고 솔방울을 모은 적도 있다. 여름내 솔방울을 모아 방학이 끝난 후에는 자전거를 살 수 있었다. 원하는 것을 조건 없이 받는 경우는 거의 없었다.

얼마 전 엔뉘가 어린이를 위해 만든 가구 'Things My Daughter Said…' 시리즈는 사실 헤더가 엄마와 함께 디자인한 제품이다.

"그건 진한 파랑이나 분홍색 줄무늬가 있는 정사각형이어야 해요. 그 세 개의 가운데에는 모두 녹색 심장이 있어요. 아빠, 엄마 그리고 나. 삼각형은 우리 셋을 위한 장소예요. 그런 다음 그게 네 개가 되는 거예요. 의자는 분홍색과 흰색, 그 위에는 녹색이에요. 음, 파란색 반짝이와 보라색 반짝이는 마음을 말해요. (중략) 엄마 의자는 검은색 반짝이가 있는 나무로 만드는 거예요. 음… 흰색, 보라색, 자주색 심장이 녹색으로 반짝여요."

엄마와 아빠가 디자인에 관해 대화하는 걸 듣고 자라서인지 아이는 이렇듯 생각하는 것을 말로 표현해낸다. 그렇게 딸아이와 협업한 엔뉘의 프로젝트는 반짝거리는 세모 네모의 가구가 되어 '아크네 주니어Acne Jr.'에 소개되었다.

"책을 많이 읽는 아이로 자라길 원한다면 부모가 책을 많이 읽으면 돼요. 아이의 모든 일상은 만드는 것, 창조적인 것과 연결되어 있지요. 헤더는 만들고, 그리고 가지고 노는 것에 흥미를 느껴요. 우리는 아이가 벽에 색칠할 때 되도록 '안 돼'라는 말을 하지 않으려고 해요."

그동안 아이는 많은 것을 망가뜨렸고, 벽에 그림을 그려놓기도 했다. 하지만 엔뉘는 아이이기 때문에 제한하는 모든 규칙을 없애고, 아이를 독립된 객체로 존중했다. 헤더는 엔뉘의 작업실에서 같이 작업하는 것을 좋아한다.

'정성 들여' 살고 싶어요

디자이너 커플 / 율리아 & 랄레

스톡홀름에서 제품 디자이너로 일하는 랄레와 실내 건축 회사에 다니는 율리아는 나처럼 여름의 카펠라고든에서 2주간 머물렀다. 여름휴가 동안 의자를 만드는 서머 코스를 수강하기 위해서였다.

우리는 서로 다른 수업을 들었지만 하루 세끼를 학교에서 먹다 보니 식사 시간에 마주치곤 했다. 간혹 저녁 무렵 와인 바에서 술잔을 기울이다가 합석해 길고 환한 밤을 보냈다. 그렇게 서로에게 익숙한 얼굴이 되어가면서 2주가 금세 지나갔다.

"쇠데르말름에 오면 연락해." "말뫼에서 피카도 잊지 마." 일상생활이 있는 각자의 도시로 돌아간 몇 달 후 우린 정말 쇠데르말름 카페에 마주 앉아 진한 커피를 마셨다. 그사이 율리아와 랄레에게는 두 가지 새로운 소식이 있었다. 이들에게 아기가 생긴 것, 그리고 이날 이들이 외곽에 첫 아파트를 계약한 것이었다.

"'지금' 머무는 이 집에서 '정성 들여' 살고 싶어요.
우리는 현재 이곳에 있고, 지금 생활이 조화롭고
원활하게 흘러가는 것이 우선이니까요. 미래를 위해 지금의 행복을
소홀히 하는 것은 원치 않아요."

커다란 호수가 펼쳐진 아름다운 마을 멜라르회이덴.
율리아의 집 거실에서 바라본 풍경이다.

쇠데르말름에서 외곽 멜라르회이덴으로

율리아Julia와 랄레Lalle가 5년간 살던 쇠데르말름을 떠나기로
한 것은 쉽지 않은 결정이었다. 하지만 조금 더 넓은 집을 찾다
보니 시내에서 그리 멀지 않은 조용한 외곽으로 생각이 뻗었다.
쇠데르말름 근교, 호수가 있는 마을 멜라르회이덴Mälarhöjden이
눈에 들어온 것이다. 두 사람은 주저하지 않고 이 동네의 전망 좋은
아파트로 이사했다.

외곽에서 도심으로 출퇴근하는 게 번거로워 보이겠지만,
사실 지하철로 15분 거리다. 게다가 랄레는 눈 오는 날이 아니면
자전거로 이동한다. 페달을 25분만 구르면 회사에 도착한다.

이 동네는 단독주택 값이 비싸서, 주택 대신 호수가 내려다보이는
아파트를 구입했다. 이들이 이전에 살던 쇠데르말름의 원룸 아파트에
비하면 매우 넓은 공간이다. 더욱이 언덕 위에 자리 잡아 호수를
내려다볼 수 있으며, 삼면의 창을 통해 사계절을 만끽할 수 있다.
이 집에 발을 들여놓은 사람이라면 누구나 금세 알 수 있는 장점이다.

게다가 역에서 아파트로 가는 길엔 구불구불한 골목이 있고,
정성 들여 견고하게 지은 주택들이 늘어서 있다. 그 집들의 창밖으로
스며 나오는 노란 불빛에 행인마저 포근함을 느끼는 그런 동네다.

둘은 몇 년 전 이케아 본사에서 근무할 때 만났다. 현재 율리아는 실내
건축 회사의 디자이너이고, 랄레는 디자인 하우스 스톡홀름Design
House Stockholm의 제품 디자인 부서에서 일한다. 인테리어
디자이너와 제품 디자이너가 집을 구입해 이사했으니 집이 어떻게

바뀔지 주변에서 기대하는 마음이 클 수밖에 없다.
"클라이언트나 회사를 위해 디자인을 해왔지만, 막상 우리
공간이 앞에 놓이니 우리가 정말 좋아하는 것이 무엇인지 고민이
되더라고요."
게다가 이 아파트는 8년 동안 살던 의사 부부가 인테리어를
바꾼 탓에 마감재나 집기가 대부분 새것이나 다름없었다.
하지만 디자이너 커플의 마음에 쏙 들지는 않았다.
"다 떼어버리긴 아깝지만 그래도 우리가 오래 살 생각이니
우리 취향대로 바꿀 거예요."
가족이 고민하면서 찾아낸 '우리가 좋아하는 것'으로 여유 있게
시간을 두고 하나하나 채워갈 생각이다. 예를 들면 원래 있던
주방 가구는 문짝만 떼어 중고 시장에 팔고, 원하는 색으로 문짝만
교체하는 식이다.

이사 후 벽에 페인트를 직접 칠하고, 주방 가구는 문짝만 바꾸는 식으로 자신들의 취향을 하나하나
집 안에 담아가고 있다. (위) 호수가 내려다보이는 작은 테라스. (아래)

랄레가 모은 소품들. (위) 빈티지 테이블과 직접 만든 낮은 테이블이 조화롭다. (아래)

하이메 아욘Jaime Hayon의 조명등 포르마카미Formakami
아래에 브루노 맛손Bruno Mathsson의 에바Eva 체어를 두었다.

디자이너 커플의 휴식 같은 집

"대부분 그렇겠지만 내 삶에서 집은 매우 소중한 의미가 있어요.
물리적으로 쉴 수 있는 공간이면서, 그 공간을 아늑한 분위기로
만들어주는 가정(home)을 포괄하죠. 언제라도 나와 내 가족을
편하게 응대해주는 집이 있다는 게 무엇보다 중요해요. 동시에 그
공간에서 우리가 무엇을 하는지도 중요하지요. '지금' 머무는 이
집에서 '정성 들여' 살고 싶어요. 우리는 현재 이곳에 있고, 지금
생활이 조화롭고 원활하게 흘러가는 것이 우선이니까요. 미래를 위해
지금의 행복을 소홀히 하는 것은 원치 않아요."
거실 앞 작은 발코니에 앉으면 아름다운 호수가 발아래로 펼쳐진다.
해가 긴 여름에는 거의 매일 호수로 수영을 하러 가거나 산책을
나간다. 멜라르회이덴으로 이사한 후 이들의 삶에 자연이 더욱
깊숙이 들어왔다.
"외곽에 사는 것은 장단점이 있어요. 쇠데르말름에 살 땐 '저녁
8시에 만나자!'란 갑작스러운 제안에도 친구들과 바로 만나 저녁
늦게까지 함께할 수 있었어요. 지나는 길에 늘어선 숍에도 자주
들락거리곤 했죠. 도시에서의 이런 삶은 여전히 즐거운 것이기에
외곽으로 이사하면서 평소 당연하게 누리던 것을 포기해야 하나
고민스러웠어요. 쇠데르말름과 멜라르회이덴은 물리적으로는
가깝지만, 심리적 거리가 꽤 있기 때문이에요. 시내에 나가겠다는
마음을 먹기가 좀 어렵겠구나 싶었죠."
하지만 막상 이곳으로 이사하고 나니 그 심리적 거리감 역시
장점으로 작용했다. 일과 생활이 깔끔하게 분리된 것이다. 저녁에
집에 온 후에는 일에 대해 생각하지 않는다. 매일 도심으로 출근하니
도시 생활이 그립지도 않고, 시내에서 하는 저녁 8시 약속도 어려운
게 아니었다. 거리감은 말 그대로 기분 탓일 뿐이었다.

엄마의 손가락을 닮은 아기 야크. 정말로 율리아와 랄레는 야크가 아무도 닮지 않아서
병원에서 바뀐 것 같다는 농담을 했다. 자세히 보니 가늘고 긴 손가락이 꼭 엄마를
닮았다. (위) 모서리에 창이 두 개나 있는 세 식구의 침실. (아래)

주말 두 시간의 행복

야크Jack가 태어나면서 율리아는 지금 육아휴직 중이다. 주중에는
랄레가 퇴근할 때까지 율리아 혼자 아기를 돌본다. 아기에게서
한시도 떨어져서는 안 된다는 건 야크가 태어나기 전에는 생각지
못한 일이다. 그렇게 월·화·수·목·금이 바쁘게 지나간다.
다만 주말은 좀 다르다. 율리아는 아기와 함께 산책을 하고, 마켓에
가서 구경도 하며 소풍도 간다. 아기가 생겨서 조금 특별해지기는
했지만, 아기가 생기기 전과 많이 다르지 않은 일상이다.
무엇보다 율리아에게는 두 시간의 자유 시간이 생겼다. 랄레가
야크를 돌보는 동안 율리아는 방에 들어가 문을 걸어 잠그고 집에
없는 사람처럼 혼자만의 시간을 보낸다. 그리고 무엇이든 한다.
"처음 두 시간이 생겼을 때 방에 앉았는데 뭘 해야 할지
모르겠더라고요. 무언가 창조적인 일을 하고 싶었어요. 그래서
종이를 잘라 콜라주도 하고, 형태도 만들어봤죠. 야크가 태어나기
전에는 몰랐어요. 단 두 시간의 자유가 얼마나 소중한지, 그리고
그 두 시간 동안 꽤 많은 일을 할 수 있다는 사실도요."
요즘 이 시간에 그녀가 하는 일은 텍스타일 프린트다. 율리아가
출근하면 이 두 시간의 자유는 육아를 담당할 랄레의 몫이 될 것이다.
맘만 먹으면 하루에도 몇 시간씩 자유를 얻을 수 있는, 아기가 없는
사람들의 두 시간과 이들의 두 시간은 절대적 몰입도가 다르다.
랄레 역시 야크가 태어난 후 오히려 시간을 효율적으로 분배해서
사용하고 있다. "야크가 낮잠을 자면 대략 30분의 시간이 생기는데,
'여러 가지 문제'를 해결하는 시간이죠. 자전거를 고치는 등 미루지
않고 그 시간 안에 집중해서 일을 끝내려고 노력해요."
"아기 때문에 아무것도 못 한다"라는 말을 주변 엄마들에게서 종종
듣는다. 그런데 그게 오히려 동력이 되는 삶, 바로 이 커플의 삶이다.

주말의 호수 나들이는 물처럼 흘러가는 자연스러운 일상이다.

율리아가 일주일에 두 시간 자유 시간을 보내는 작업실.

KKV 공방에서 랄레가 만든 테이블에서 즐기는 피카.

LAGOM Life

스웨덴 사람들의 휴가

느긋하면서도 알차게 보낸 주말은 다음 주를 든든하게 보낼 수 있는 밑천이다. 하루 종일 잠으로만 때운 뒤에 느끼는 허탈감이나, 빡빡한 일정으로 돌아다닌 후의 피곤함과는 다른 것이다. 어느 정도 쉬었다고 느끼면서도 어느 정도 보람찼다고 뿌듯해할 정도의 휴식, 딱 그만큼이 적당하다.

율리아와 랄레는 지난 여름휴가를 이 '밑천'을 만드는 데 쓰고 싶었다. 둘이 함께 할 수 있는 것을 찾아보다가 카펠라고든의 서머 코스를 발견했다. 직업이 디자이너인 이들은 주로 마우스를 잡고 모니터를 보며 일한다. 공장에서 생산하는 제품에 기반한 디자인 작업을 하기 때문에 손으로 만들어내는 것과는 멀어져 있다. 하지만 일을 할수록 손으로 작업하던 감각을 그리워하게 됐다.

이들은 아티스트들이 함께 모여서 작업할 수 있는 워크숍인 KKV(코코베, Konstnärernas Kollektiv Verkstad)의 멤버다. KKV에서는 업무를 떠나 이들이 원하는 작업을 마음껏 할 수 있다. 정부 지원금으로 운영하기 때문에 작업실 사용비는 저렴하고 공간과 시설도 훌륭하다. 율리아와 랄레는 가끔 주말에 짬을 내 KKV 작업장에 가서 원하는 작업을 한다.

긴 여름휴가에 이들이 찾아온 카펠라고든은 기술을 조금 더 배울 수 있는 특별한 곳이다. 대학 과정처럼 긴 프로세스를 통해 무언가를 창조해내는 고뇌의 시간이 아닌, 적절한 긴장감을 가지고 심도 있게 배우는 수공예 코스다.

얼마 전 한 친구는 남편에게 생일 선물로 카펠라고든의 가드닝 서머 코스를 선물 받았다. 그녀의 남편은 카펠라고든 근처의 별장을 빌려 아내가 작업하는 2주 동안 돌이 안 된 아이와 함께 시간을 보내며 아내를 기다렸다.

휴양지에서 수업을 받으며 원하는 작업을 하고, 잔디밭에 앉아 친구들과 커피를 마시고, 저녁엔 잔잔한 바다에서 수영을 하고, 한밤에는 뉘엿뉘엿 지평선에 걸려 넘어가지 않는 해를 바라보면서 와인 한 모금을 넘기는 삶이란!

이건 꿈 이야기가 아니다. 적어도 스웨덴에서는 여가 시간과 자기 계발이 맞닿아 있는 지점을 찾는 것이 어렵지 않다. 그 이유는 이렇다.

긴 휴가가 있다: 스웨덴의 직장인에게는 최소 5주의 휴가가 있고, 그중 4주는 연결해서 써야 한다.

진지하게 그리고 즐겁게 배울 수 있는 곳이 있다: 스웨덴에는 이러한 서머 코스를 운영하는 학교가 몇 군데 있다.

스트레스 없는 적절한 작업 고민과 그것에 재미있게 몰두할 수 있다: 고기도 먹어본 사람이 먹는다고 틈나는 대로 조금씩 작업해본 사람들이니 이들에게 작업은 재미로 연결된다.

카펠라고든 서머 코스가 한국에 있다면 과연 성공할 수 있을까?

vintage objects

스웨덴 빈티지 오브제

1910년대 스웨덴에는 '일상용품의 아름다움(Vackrare Vardagsvara)'이라는
슬로건이 있었다. '아티스트는 공장과 협업해서 퀄리티 높은 제품을
아름답게 만들고, 이로써 모든 이의 일상생활이 아름다워진다'라는
것이다. 이는 스웨덴인의 생활 속에 디자인이 스며들게 한 원동력이다.
이 빈티지 오브제들에서 그 정신을 느낄 수 있다.

탁한 블랙, 탁한 화이트처럼 아름다운

유리 공예가 / 카리나 세트 안데르손

카펠라고든 이사회 멤버인 카리나 세트 안데르손은 종종 스톡홀름에서 욀란드로 내려와 이사회 회의에 참석하곤 했다. 회의 이외의 시간에 학교 정원을 둘러보며 걷는 그녀의 모습을 자주 볼 수 있었다. 한 친구가 카리나가 매우 유명한 유리공예가이자 도예가라고 알려주었다. 알고 보니 호프HOPE, 아르켓ARKET, 스벤스크텐Svenskt Tenn, 마리메꼬 Marimekko, 이딸라iitala, 해크만Hackman 등 북유럽에서 잘나가는 브랜드들이 카리나와 협업해 제품을 개발하고 있었다. 세련된 그녀의 작업은 브랜드를 불문하고 인기가 높았다.

가느다란 몸에 단정한 표정으로 걷다가도 마주치는 모든 이에게 상냥하게 인사하는 카리나. 그녀는 모노톤 옷을 즐겨 입고 조용히 걸으며 주변 분위기를 차분하게 만들었고, 카펠라고든 학생을 대할 땐 진심에서 우러난 친절한 웃음이 늘 함께했다. 그래서 그녀의 블랙은 언제나 따뜻했고, 그녀의 화이트는 언제나 밝았다.

손으로 그린 카리나의 선들은 매우 깔끔하고 단정하면서도
공예의 느낌을 고스란히 품고 있었다.
어쩌면 아날로그란 자신에게 솔직하게 사는 삶의 다른 이름이 아닐까.

구스타브스베리의 옛날 공장 외관. 이곳에 카라나의 작업실이 있다.

공장 건물 속 작업실

어느 겨울날, 나와 남편은 구스타브스베리Gustavsberg에 있는 카리나
세트 안데르손Carina Seth Andersson의 세라믹 작업실로 초대받았다.
구스타브스베리는 스톡홀름 카운티에 있는 아름다운 마을이다.
자연경관이 수려해 스톡홀름 사람들이 휴식을 위해 사계절 찾는
곳이다. 북유럽 그릇에 관심이 있는 사람이라면 구스타브스베리라는
브랜드 이름도 한 번쯤 들어봤을 것이다. 이 브랜드는 1895년 설립한
스웨덴 세라믹 회사로, 아름다운 구스타브스베리 마을에 자리 잡고
마을과 같은 브랜드명으로 100년 넘게 명맥을 이어오고 있다. 특히
세계적 퀄리티와 디자인으로 명성이 자자하다. 현재 공장은 거의
없어졌지만 도예가들은 여전히 이곳에서 작업을 이어가고 있으며,
도자기를 좋아하는 전 세계 사람의 관광 코스로 자리매김했다.
여러 섬으로 이루어진 도시 스톡홀름답게 도심에서 20분 정도 떨어진
구스타브스베리에 가려면 바다 위로 놓인 다리를 두 번 건너야 한다.
다리를 건너는 동안 아름다운 풍경이 자동차 속도에 맞춰 흐르듯
스쳐 지나간다. 호수 같은 바다 뒤로 벽돌로 지은 공장 건물이 모여
있다. 카리나가 작업실로 사용하는 건물은 43년 된 인더스트리얼
빌딩이다. 구스타브스베리의 공장은 대부분 이전했고, 현재는
건물주가 도예가들에게 좋은 조건으로 공간을 임대해주고 있다.
건물은 도예가가 작업하기 수월하도록 훌륭한 설비를 갖추었다.
예를 들면, 트럭으로 실어 온 무거운 점토를 건물 내 작업실로 쉽게
옮길 수 있도록 외부에 공장형 엘리베이터를 설치해놓았다.
이 외에도 건물 중앙에는 다양한 크기의 도자 작품을 구울 수 있도록
크고 작은 가마를 모아둔 가마실이 있다. 섬세하게 만든 무겁고 큰
작품을 가마까지 안전하게 이동할 수 있도록 바닥은 매우 평평하며,

층마다 공간이 넉넉한 내부 엘리베이터가 있다. 세계적 세라믹
브랜드의 공장이었던 만큼 이 같은 공장 시설은 도예가에게 더없이
완벽한 작업실로 인기를 얻고 있다.
이곳의 입주 조건은 그렇게 까다로운 편은 아니지만, 취미로
작업하는 사람은 환영하지 않는다. 그래서 공예를 기반으로 진지하게
작업하는 100명 정도의 아티스트와 디자이너가 입주해 있다.
이 건물 3층, 벽 하나 없이 뻥 뚫린 30평 남짓한 공간이 카리나의
작업실이다. 그녀의 작업실은 역시나 단정하고 따뜻한 느낌이었다.
이케아의 시스템 가구 이바르IVAR 수납장이 작업실 한쪽 벽을
가득 채우고 있었다. 직접 페인트칠을 할 수 있도록 만든 이바르
수납장에는 하얀색 페인트가 연하게 칠해져 있었다. 페인트 밑으로
따뜻한 나무의 색감이 은은하게 드러났다. 단순히 이케아 수납장에
하얀 칠을 한 것이지만 카리나의 감성이 그대로 느껴졌다.
카리나는 문 앞에 둔 트롤리의 한쪽 끝을 가리키더니 미소를 지었다.
그녀의 손끝은 스티그 린드베리Stig Lindberg(1916~1982)의 사인에
닿아 있었다. 구스타브스베리의 대표 디자이너로 사후에도 여전히 큰
사랑을 받고 있는 스티그 린드베리는 내가 좋아하는 디자이너이기도
하다. 그의 작업과 스케치를 소장한 박물관에서 작품에 흠뻑 빠진
적이 있다. 또 가끔 빈티지 마켓에서 발견한 구스타브스베리
플레이트 밑면에 그의 사인이 있는 걸 보고 흐뭇해한 적도 있다.
스티그 린드베리가 구스타브스베리에서 작업하며 사용한 트롤리를
우연히 카리나가 물려받은 것이다. 이미 유명한 그녀였지만, 거장
스티그 린드베리를 경외하는 순수한 마음을 그 미소에서 읽을 수
있었다. 스티그 린드베리가 작업하며 바삐 돌아다녔을 이 공간에서
시간을 뛰어넘어 그녀가 작업하고 있는 것이다.

따뜻한 모노톤의 작업실.(위) 카리나는 모두 붓과 손으로 작업한다.
손으로 그린 선들도 그녀처럼 단정하면서도 공예의 느낌을 품고 있다. (아래)

아날로그는 자신에게 솔직한 삶

카리나는 구스타브스베리에 있는 작업 공간을 특히 좋아한다. 훌륭한
작업 시설, 시내보다 저렴한 임대료뿐 아니라 번잡한 스톡홀름에서
벗어나 하루 종일 작업에 집중할 수 있다는 것이 그 이유다. 미팅은
하루의 중간을 자르지 않도록 아침이나 저녁 시간에 잡는다.
그녀는 손으로 표현하고 그리는 것에 익숙한 탓에 컴퓨터를 사용할
일이 거의 없다. 그러고 보니 작업 공간 어디에도 컴퓨터는 보이지
않았다. 그녀는 붓으로 그린 그림을 가지고 클라이언트를 만난다.
자신만의 아날로그적 방법을 통해 아이디어를 표현하고, 소통할 수
있는 뚜렷한 캐릭터의 디자이너다.
작업실 한편에 수북이 쌓인 그녀의 스케치를 한 장 한 장 펼칠 때마다
감탄사가 새어 나왔다. 요즘 디자이너라면 컴퓨터 프로그램 몇
개쯤은 자유자재로 다뤄야 한다는 생각은 언제 어디서부터 상식이
되었을까? 손으로 그린 카리나의 선들은 매우 깔끔하고 단정하면서도
공예의 느낌을 고스란히 품고 있었다. 어쩌면 아날로그란 자신에게
솔직하게 사는 삶의 다른 이름이 아닐까 하는 생각을 한 시간이었다.
카리나의 취미 역시 참 아날로그적이다. 그녀의 여름 별장은
구스타브스베리 작업실에서 멀지 않은 곳에 있다. 종종 점심을
먹으러 근처 여름 별장에 가기도 하고, 잔디를 깎는 등 몸을
움직이면서 엉킨 생각을 정리한다. 그렇게 전혀 다른 일을 하다 보면
뜻밖의 아이디어가 떠오르곤 한다.
최근에 카리나는 가드닝에 관심이 많아졌다. 재배한 채소가 식탁에
올라오는 수확의 기쁨은 누려본 사람만이 안다. "작은 발코니만
있어도 화분을 둘 수 있어요. 식물을 기른다는 건 정말 환상적인
일이에요. 나이가 들면 시간이 빨리 가는 것 같아 식물을 기르기가
좋아요. 계절은 금방 바뀌고 식물은 금방 자라거든요" 하며 웃었다.

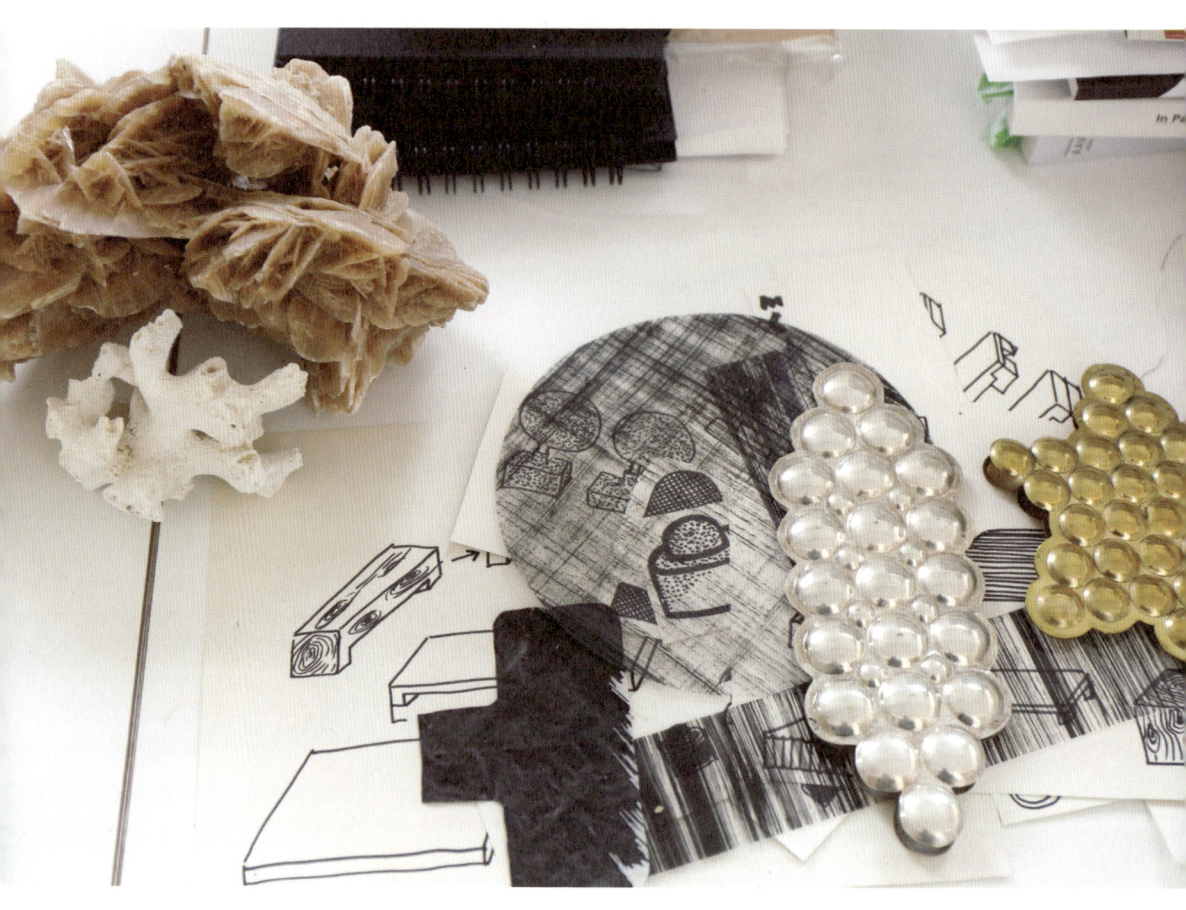

새로운 작업을 하기 위한 재료와 도구.

많은 책과 재료도 카리나의 책상에서는 제자리를 잘 잡고 있다.

스웨덴 의류 브랜드 호프에서 판매하고 있는 카리나의 제품.

그녀의 블랙이 유독 따뜻해 보이는 이유

남성복의 디테일을 매우 좋아하는 카리나는 텍스타일 영역만 특화된 보로스Borås 대학교에서 텍스타일을 배웠다. "1년쯤 텍스타일을 공부하고 나서 깨달았어요. 제가 평면보다 입체를 더 좋아한다는 사실을요. 그것은 매우 중요한 깨달음이었죠."

카리나는 곧바로 외레포르스Örrefors라는 유리공예 학교에 들어갔다. 그곳에서 유리공예 공부를 마치고 어시스턴트로 2년가량 일했다. 그때쯤 누군가가 스웨덴의 대표 예술 대학인 콘스트파크Konstfack를 추천해주었다. 고향인 스톡홀름으로 돌아와 콘스트파크 세라믹과에 입학해 공부했다. 입학 전 이미 수년간 실습한 경험 덕분인지 그녀는 학교 작업실이 편하게 느껴졌다. 학기 내내 학교의 글라스 스튜디오를 자유롭게 사용하며 작업을 이어갔다. 콘스트파크를 졸업한 후 진행한 실린더 작업을 계기로 카리나는 전 세계에서 전시할 기회를 얻었다.

"저는 유리 작업을 가장 좋아해요. 작업을 하면 내 것이라는 느낌이 들죠. 그리고 작업할 땐 머릿속으로는 빨리 생각하는데 손으로 만들 때는 오랜 시간이 걸리지요." 카리나는 자신의 작업 영역이 뚜렷하고 확신에 차 있으며, 그것을 즐길 줄 아는 창작가다. 스케치 디자인뿐 아니라 만들어지는 과정의 가치도 소홀히 하지 않는 예술가적 성향이 보인다. 손으로 표현하는 방법을 고집스레 고수하는 그녀는 스스로를 "예술가와 디자이너의 중간에 있다"고 말한다. 나는 이 말이 참 좋다. 그녀는 공장에서만 할 수 있는 기술을 존중한다는 말도 덧붙였다.

탁한 블랙, 탁한 화이트, 깔끔한 선이 그녀의 작업을 압축적으로 표현해준다.

그녀에게 예술품과 디자인 제품의 작업 과정은 다르지 않다. 하나를
만들어내고 가능한 곳에서 양산하게끔 한다. 공장에서 할 수 없는
작업은 직접 가르쳐가며 해나가기도 한다. 그러다 보니 처음
아이디어와 완성한 결과물이 크게 다르지 않다. 제품을 직접 만들 줄
아는 디자이너의 힘이란 이런 것이다.
나는 카리나의 색이 대부분 블랙과 화이트라고 단정하고 있었기에
"작품에 입히는 색을 어느 정도까지 허용할 수 있나요?"라고 조심스레
물었다. 그녀는 예의 그 웃음 띤 얼굴로 답했다.
"사실 내가 주로 사용하는 색은 단순히 블랙과 화이트가 아니에요.
그것은 정확하게 '탁한 블랙' 그리고 '탁한 화이트'죠. 이건 매우
중요해요. 왜냐하면 갈색빛이 도는 블랙, 회색빛이 도는 블랙으로
표현하는 것은 그냥 블랙과 전혀 다르거든요. 이것은 모두 색의
뉘앙스에 대한 이야기예요." 그녀의 블랙이 유독 따뜻해 보인 이유를
그제야 알 것 같았다.

유리 마개가 큰 병을 실험적으로 만들어보았다.

스티그 린드베리가 사용하던 트롤리.

LAGOM Life

스웨덴 사람들의 공예 탐닉

Skruf

입으로 불어서 만드는 유리공예품을 선보
이는 고품질의 글라스 브랜드.

www.skrufsglasbruk.se

Gärsnäs

1890년대부터 장인들이 질 좋은 목재 가
구를 만드는 브랜드.

www.garsnas.se

Klässbols

장인 정신으로 시작해 4대째 질 좋은 제
품을 선보이는 스웨덴 대표 텍스타일 브
랜드.

www.klassbols.se

처음 스웨덴에 도착한 날, 남편의 카벨라고든 친구들이 우리를 저녁 식사에 초대했는데, 앉자마자 시작된 그들의 대화는 대충 이러했다.

"오늘 양말을 떠서 펠팅을 했는데 좀 작아진 것 같아." "이 테이블이 지저분해져서 지난주에 샌딩 했어. 오일을 발랐더니 깨끗하고 괜찮지?" "이 버터 나이프 하나 가질래? 나 두 개 만들었거든."

그날 우리가 즐긴 음식 말고도, 그들이 쓰고 있던 많은 물건은 직접 또는 다른 이가 만든 것이었다. 그날 난 문화 충격을 받았지만, 이제 나는 실도 꼬고 그걸로 양말도 뜨고 담요까지 짠다.

요즘은 나도 샀을 법한 것들까지 혹시 직접 만든 것인지 친구들에게 묻곤 한다. 절반 이상의 대답은 'yes'이거나, 부모님 또는 할머니 대부터 수십 년간 전해 내려온 핸드메이드 제품이다. 정성껏 만들고 대대로 물려 쓰는 그 문화는 여러모로 아름답다.

스웨덴 디자인의 원천=수공예 문화

스웨덴은 어린 시절부터 학교에서 직조와 목공 등을 가르친다. 유치원에서는 찰흙이나 종이, 텍스타일 등을 가지고 노는 수업을 통해 창의성을 맘껏 펼치게 한다. 초등학교와 중학교에서는 뜨개질, 직조, 목공 기계를 다루는 기초 방법, 금속공예 등의 수업이 의무교육이다. 학년이 높아질수록 이러한 수업이 더 많은 비중을 차지한다.

고등학교에 진학하면 공예 수업은 원하는 학생에 한해 심도 있게 배울 수 있다. 베틀로 직조를 하고, 나무로 무언가를 만들어내는 공예 수업이 의무라니, 배 볼록한 중년 아저씨가 장갑을 떠서 선물해줘도, 공부만 했을 법한 직장인 친구가 현란한 재봉질로 아이 옷을 만들어내도 놀랄 필요가 없다. 스웨덴 친구들이 하나같이 손재주가 있고 틈틈이 부지런한 비결이 바로 어릴 적 받은 의무교육 덕분이다. 성인이 되어서도 쉬는 시간에 뜨개질을 하거나, 휴일에 목공방에서 취미로 목공 작업을 하는 일이 흔하다.

스웨덴 사람의 손은 언제나 부지런히 움직인다. 바쁜 일상 속에서 손으로 만들고 사용하는 문화가 생활 전반에 고스란히 스며들어 있다. 이들은 직접 만드는 것을 귀찮게 여기지 않는다. 일반 사람도 주어진 재료를 이용해 기능에 충실하게, 군더더기 없는 질 좋은 제품을 만들어낸다. 나는 스웨덴 디자인의 원천이 이 수공예 문화가 아닐까 생각한다.

내 스웨덴 친구들의 행복
LAGOM

1판 1쇄 발행 2018년 4월 16일
1판 5쇄 발행 2022년 8월 16일

지은이 신서영
사진 최근식
펴낸이 이영혜
펴낸곳 ㈜디자인하우스

편집장 김선영
홍보마케팅 박화인
영업 문상식, 소은주
제작 정현석, 민나영
미디어사업부문장 김은령

출판등록 1977년 8월 19일 제2-208호
주소 서울시 중구 동호로 272
대표전화 02-2275-6151
영업부직통 02-2263-6900
인스타그램 instagram.com/dh_book
홈페이지 designhouse.co.kr

디자인하우스는 독자 여러분의 소중한 아이디어와 원고 투고를 기다리고 있습니다.
원고가 있는 분은 dhbooks@design.co.kr로 개요와 기획 의도, 연락처 등을 보내 주세요.